DEUTSCHE DEMOKRATISCHE REPUBLIK
DEUTSCHE AKADEMIE
DER LANDWIRTSCHAFTSWISSENSCHAFTEN ZU BERLIN

ALBRECHT-THAER-ARCHIV

ARBEITEN AUS DEN GEBIETEN BODENKUNDE,
PFLANZENERNÄHRUNG, DÜNGUNG, ACKER- UND PFLANZENBAU

AKADEMIE-VERLAG · BERLIN

THEORIA CUM PRAXI

1967 · 11. BAND

Das Albrecht-Thaer-Archiv erscheint in Heften mit einem Umfang von je 6 Druckbogen (96 Seiten). Die innerhalb eines Jahres herausgegebenen 12 Hefte bilden einen Band. Das letzte Heft eines Bandes enthält Autoren- und Sachverzeichnis.

Der Bezugspreis je Heft beträgt 7,50 MDN (Sonderpreis für die DDR 5,– MDN).

Die Schriftleitung nimmt nur Manuskripte an, deren Gesamtumfang 20 Schreibmaschinenseiten (zweizeilig) nicht überschreitet und die bisher noch nicht, auch nicht in anderer Form, im In- oder Ausland veröffentlicht wurden. Jeder Arbeit ist ein Autorreferat zur Vorankündigung (nicht länger als $1^1/_2$ Schreibmaschinenseiten) sowie eine Zusammenfassung mit den wichtigsten Ergebnissen (nicht länger als 20 Zeilen), wenn möglich auch in russischer und englischer bzw. französischer Sprache, beizufügen. Gegebenenfalls erfolgt die Übersetzung in der Akademie.

Manuskripte (zweifach) sind zu senden an die Schriftleitung, Deutsche Akademie der Landwirtschaftswissenschaften zu Berlin, 108 Berlin, Krausenstraße 38–39.

Die Autoren erhalten Umbruchabzüge zur Korrektur mit befristeter Terminstellung. Bei Nichteinhaltung der Termine erteilt die Redaktion Imprimatur.

Für jede Arbeit werden unentgeltlich 100 Sonderdrucke geliefert. Das Honorar beträgt 40,– MDN je Druckbogen und schließt auch die Urheberrechte für das Bildmaterial ein. Dissertationen, auch gekürzte bzw. geänderte, werden nicht honoriert.

Verlag: Akademie-Verlag GmbH, 108 Berlin, Leipziger Straße 3–4, Fernruf: 220441. Telex-Nr.: 011 2020. Postscheckkonto: Berlin 35021. Bestellnummer: 1051

Veröffentlicht unter der Lizenznummer 1285 des Presseamtes beim Vorsitzenden des Ministerrates der Deutschen Demokratischen Republik.

Gesamtherstellung: VEB Druckhaus „Maxim Gorki", 74 Altenburg.

Autorenverzeichnis

Sachverzeichnis

DEUTSCHE DEMOKRATISCHE REPUBLIK
DEUTSCHE AKADEMIE
DER LANDWIRTSCHAFTSWISSENSCHAFTEN ZU BERLIN

ALBRECHT-THAER-ARCHIV

AKADEMIE-VERLAG · BERLIN

1967 · 11. BAND · HEFT 1

Thaer-Arch. Bd. 11 · 1967 · H. 1 · S. 1—88 · Berlin

Herausgeber: Deutsche Demokratische Republik · Deutsche Akademie der Landwirtschaftswissenschaften zu Berlin

Chefredakteur: Prof. Dr. agr. habil. ERWIN PLACHY, Berlin

Das Albrecht-Thaer-Archiv erscheint in Heften mit einem Umfang von je 6 Druckbogen (96 Seiten). Die innerhalb eines Jahres herausgegebenen 12 Hefte bilden einen Band. Das letzte Heft eines Bandes enthält Autoren- und Sachverzeichnis.

Der Bezugspreis je Heft beträgt 7,50 MDN. Sonderpreis für die DDR: 5,– MDN.

Die Schriftleitung nimmt nur Manuskripte an, deren Gesamtumfang 20 Schreibmaschinenseiten (zweizeilig) nicht überschreitet und die bisher noch nicht, auch nicht in anderer Form, im In- oder Ausland veröffentlicht wurden. Jeder Arbeit ist ein Autorreferat zur Vorankündigung (nicht länger als 1½ Schreibmaschinenseiten) sowie eine Zusammenfassung mit den wichtigsten Ergebnissen (nicht länger als 20 Zeilen), wenn möglich auch in russischer und englischer bzw. französischer Sprache, beizufügen. Gegebenenfalls erfolgt die Übersetzung in der Akademie.

Manuskripte (zweifach) sind zu senden an die Schriftleitung, Deutsche Akademie der Landwirtschaftswissenschaften zu Berlin, 108 Berlin, Krausenstraße 38–39.

Die Autoren erhalten Umbruchabzüge zur Korrektur mit befristeter Terminstellung. Bei Nichteinhaltung der Termine erteilt die Redaktion Imprimatur.

Für jede Arbeit werden unentgeltlich 100 Sonderdrucke geliefert. Das Honorar beträgt 40,– MDN je Druckbogen und schließt auch die Urheberrechte für das Bildmaterial ein. Dissertationen, auch gekürzte bzw. geänderte, werden nicht honoriert.

Verlag: Akademie-Verlag GmbH, 108 Berlin, Leipziger Straße 3–4, Fernruf: 220441. Telex-Nr.: 0112020. Postscheckkonto: Berlin 35021. Bestellnummer dieses Heftes: 1051/11/1.

Veröffentlicht unter der Lizenznummer 1285 des Presseamtes beim Vorsitzenden des Ministerrates der Deutschen Demokratischen Republik.

Gesamtherstellung: VEB Druckhaus Maxim Gorki, 74 Altenburg.

DEUTSCHE DEMOKRATISCHE REPUBLIK
DEUTSCHE AKADEMIE
DER LANDWIRTSCHAFTSWISSENSCHAFTEN ZU BERLIN

ALBRECHT-THAER-ARCHIV

ARBEITEN AUS DEN GEBIETEN BODENKUNDE,
PFLANZENERNÄHRUNG, DÜNGUNG, ACKER- UND PFLANZENBAU

AKADEMIE-VERLAG · BERLIN

THEORIA CUM PRAXI

1967 · 11. BAND · HEFT 1

Thaer-Arch. Bd. 11 · 1967 · H. 1 · S. 1—88 · Berlin

INHALT

Aus dem Landwirtschaftlich-Chemischen Institut
der Friedrich-Schiller-Universität Jena

GÜNTHER SCHILLING und DIETMAR RICHTER

Untersuchungen über die Bindung von Eisen an anorganische Bodenbestandteile

Eingegangen: 30. 4. 1966

1. Problemstellung

Die Kenntnis des Bindungszustandes der einzelnen Elemente im Boden ist in verschiedener Hinsicht von Interesse. So erscheint ein solches Wissen einerseits für die Bodengenetik bedeutsam; denn die Verlagerung von Elementen im Profil hängt von ihrer Bindung ab. Auf der anderen Seite profitiert aber auch die Pflanzenernährungslehre davon, man denke nur an die von der Bindung abhängige Aufnehmbarkeit durch die Pflanze. So bedeutet jede neue Erkenntnis auf dem genannten Gebiet für verschiedene anwendende Disziplinen einen Gewinn.

In diesem Zusammenhang erschien die mehr oder weniger zufällige Beobachtung bedeutsam, daß ^{90}Y bereits bei pH-Werten unterhalb des für die Ausfällung von $Y(OH)_3$ verantwortlichen pH an Trägern festgelegt ist, auch wenn mit minimalen Konzentrationen (etwa $5 \cdot 10^{-15}$ g $^{90}Y/15$ ml) gearbeitet wurde (SCHILLING u. RICHTER, 1964). Da das auf diese Weise gebundene Yttrium durch II- oder IIIwertige Kationen nicht ausgetauscht werden konnte, wurde dieser Effekt als Sorption von Molekülaggregaten gedeutet, etwa in dem Sinne, daß bei der Ausfällung des Hydroxides zunächst kleinere Aggregate entstehen, die sich nicht absetzen, aber unspezifisch von Oberflächen sorbiert werden können.

Aus diesem Befund entstand die Frage, ob es sich hierbei um eine nur für das Yttrium zutreffende Erscheinung handelt oder ob eine allgemein gültige Gesetzmäßigkeit aus dem Verhalten des Yttriums abgeleitet werden kann. In der vorliegenden Arbeit wurde daher die Bindung des Eisens an einen anorganischen Bestandteil des Bodens, das Kieselsäureanhydrid, untersucht, um diesen Fragen an einem bodenkundlich wichtigeren Element weiter nachzugehen.

2. Material und Methoden

1 g Kieselsäureanhydrid wurde mit jeweils 15 ml Flüssigkeit bis zum Erreichen des Gleichgewichtszustandes zwischen den in der Lösung befindlichen und den sorbierten Teilchen geschüttelt (2 Stunden). Die Flüssigkeit bestand aus einer mit $^{55/59}Fe$[1] markierten Eisenlösung sowie HCl bzw. NaOH unterschiedlicher Konzentration zur Einstellung des gewünschten pH. Das verwendete ^{59}Fe-Präparat enthielt in 1 ml 206 ± 2 µg Fe mit einer Impulsrate von 836 ± 9 Imp/min, gemessen mit einem Flüssigkeitszählrohr des VEB Vakutronik. Von dieser Lösung erhielt bei den Schüttelversuchen jedes Gefäß 1 ml[2]. Nach dem Schütteln wurde in

[1] Es handelte sich um ein $^{55/59}FeCl_3$-Präparat. Da die K-Strahlung des ^{55}Fe mit der hier verwendeten Meßanordnung nicht registriert werden konnte, wird fortan nur das ^{59}Fe erwähnt

[2] Diese Menge reicht für eine Überschreitung der Löslichkeit von $Fe(OH)_3$ bei pH 3 (= 31,4 µg Fe/15 ml) aus (errechnet unter Zuhilfenahme der Tabellenwerte in D'ANS und LAX, 1949)

Kunststoffbechern bei 2000 g bis zur Klarheit der überstehenden Lösung zentrifugiert (15 Minuten). In einem zur Vermeidung unerwünschter Sorption an Gefäßwänden angesäuerten Teil des Zentrifugates erfolgte die Radioaktivitätsbestimmung mit dem Flüssigkeitszählrohr. Da das vom Hersteller bezogene ^{59}Fe-Präparat radioaktive Verunreinigungen aufwies (z. B. ^{54}Mn, ^{60}Co), mußte es zunächst von den Fremdsubstanzen befreit werden. Hierbei kam im Prinzip eine für die Trennung von Spurenelementen beschriebene Methode (HUNTER u. COLEMAN, 1960; DIETRICH, 1963) zur Anwendung. Eine 7 cm hohe und 2 cm weite Säule mit Dowex (Type 2, Vernetzung X10, Siebzahl 200—400 mesh) wurde mit dem verunreinigten ^{59}Fe versetzt und mit 4 m HCl durchgewaschen. Hierdurch ließen sich die fremden Strahler eluieren. Der beim anschließenden Auswaschen mit 0,5 m HCl aufgefangene Durchlauf bestand, wie durch Aufnahme eines γ-Spektrums und Überprüfung der Halbwertszeit festgestellt werden konnte, nur noch aus ^{59}Fe.

3. Ergebnisse

Zunächst wurde die Sorption des Fe an Kieselsäureanhydrid in Abhängigkeit vom pH-Wert untersucht. Unter Sorption war dabei die Bindung des Fe an den Sorptionsträger zu verstehen. Um diesen Effekt von der pH-bedingten Ausfällung des $Fe(OH)_3$ trennen zu können, mußten neben der angeführten Versuchsreihe auch Schüttelversuche ohne SiO_2-Zusatz durchgeführt werden. Bei diesen wurde zur besseren Ausfällung des $Fe(OH)_3$ ein Teil der 15 ml Flüssigkeit durch eine $FeCl_3$-Lösung ersetzt, so daß jede Variante zusätzlich zu den mit dem radioaktiven Präparat verabreichten 206 mg Fe noch 80 μg Fe erhielt. Die Ergebnisse der zwei Versuchsreihen sind in der Abbildung dargestellt.

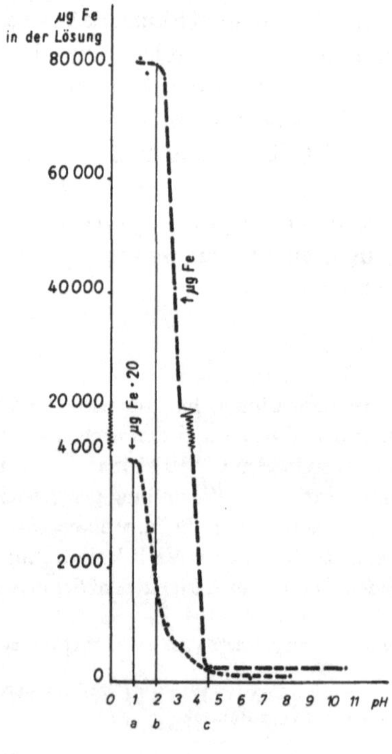

— ··· — — In Abhängigkeit vom pH-Wert in der Lösung verblicbenes Fe (μg in 15 ml), Zusatz: 80 206 μg Fe/15 ml, mit ^{59}Fe markiert, kein Kieselsäureanhydrid, 3 Parallelproben

------- Bei Anwesenheit von Kieselsäureanhydrid in der Lösung verbliebene Fe-Menge. Die Multiplikation der Analysenwerte mit dem Faktor 20 erfolgte im Interesse einer besseren Vergleichbarkeit mit der anderen Kurve. Zusatz: 206 μg Fe/15 ml, mit ^{59}Fe markiert, 3 Parallelproben.

a) Beginn des Entzuges von Fe aus der Lösung bei Anwesenheit von Kieselsäureanhydrid

b) Beginn des Entzuges von Fe aus der Lösung ohne Kieselsäureanhydrid

c) Ende des Entzuges von Fe aus der Lösung bei beiden Versuchsreihen

Man erkennt, daß in beiden Fällen Fe mit ansteigenden pH-Werten aus der Lösung verschwand und oberhalb von pH 4,2 nahezu quantitativ abzentrifugiert werden konnte. Der Beginn dieses Prozesses entfiel jedoch auf verschiedene pH-Werte, je nachdem, ob mit oder ohne SiO_2 gearbeitet wurde. Während im erstgenannten Fall der Effekt schon bei pH 1,5 zu bemerken war, trat er in der anderen Versuchsreihe erst bei pH 2,4 ein. Dieses unterschiedliche Verhalten in Abhängigkeit von der SiO_2-Anwesenheit führte dazu, daß sich beispielsweise bei pH 3 ohne SiO_2 noch 28400 μg Fe in der Lösung halten konnten, während es mit SiO_2 nur 32 μg waren. Mit anderen Worten: Kieselsäureanhydrid sorbierte offenbar Fe unterhalb des für die quantitative Fällung als $Fe(OH)_3$ erforderlichen pH-Wertes.
Es blieb nun zu fragen, ob das sorbierte Fe austauschbar gebunden vorlag oder (in Form von Molekülaggregaten?) nicht austauschbar an Oberflächen niedergeschlagen war. In weiteren Versuchen, die nach der beschriebenen Methode, aber unter Zusatz von YCl_3 durchgeführt wurden, sollte die Austauschbarkeit des sorbierten Fe untersucht werden. Zur Lieferung von Konkurrenzionen für das Fe wurden also 10 ml der insgesamt 15 ml umfassenden Flüssigkeit durch 0,1 n bzw. 0,01 n YCl_3-Lösung ersetzt. Im Falle des Zusatzes von 0,1 n YCl_3 entsprach die zugeführte Y-Ionenmenge[3] — auf mval-Basis berechnet — dem 100fachen des verwendeten Eisenzusatzes. Dies bedeutete, daß bei Austauschbarkeit des Eisens dessen sorbierter Anteil auf etwa den hundertsten Teil hätte zurückgehen müssen, sofern Y und Fe — wie das in grober Näherung angenommen werden kann — die gleiche Ein tauschintensität besitzen und um die gleichen Stellen am Träger konkurrieren

Prüfung auf Vorliegen von austauschbar sorbiertem Fe an Kieselsäureanhydrid in verschiedenen pH-Bereichen. Angabe in Relativzahlen. Zugesetzte Menge Fe = 100. Die Fehlerangabe bezieht sich auf die Unterschiede zwischen den 3 Parallelproben:

$$m = \pm \sqrt{\frac{\sum(x_i - \bar{x})^2}{n(n-1)}}$$

Konzentration der zugesetzten Salzlösung	pH	Fe in der Lösung Relativzahlen
–	2,1	35,6 ± 2,3
0,01 n YCl_3	2,1	32,8 ± 1,6
0,1 n YCl_3	2,1	45,0 ± 1,7
–	2,5	24,6 ± 0,9
0,01 n YCl_3	2,4	21,3 ± 0,5
0,1 n YCl_3	2,4	26,4 ± 2,7

Aus der Tabelle sind die Ergebnisse dieser Versuche zu ersehen. Danach kann Fe bei pH 2,1 auch durch größere Konzentrationen Y^{+++} nur zu einem kleinen Teil ausgetauscht werden, während es bei pH 2,4 nicht austauschbar sorbiert vorliegt, wie aus der trotz unterschiedlicher Y^{+++} -Konzentrationen konstant bleibenden

[3] Y liegt erst bei pH > 5 als Aggregat in der Lösung vor und wird lediglich bei pH > 6,7 als Hydroxid ausgefällt (SCHILLING und RICHTER, 1964)

Fe-Menge in der Lösung hervorgeht. Damit wird die Vermutung bekräftigt, daß Fe kurz unterhalb des für die quantitative Ausfällung von $Fe(OH)_3$ verantwortlichen pH nicht austauschbar auf Oberflächen niedergeschlagen werden kann.

4. Diskussion

Die Schüttelversuche über die Bindung des Eisens an Kieselsäureanhydrid haben somit eine recht gute Übereinstimmung mit dem Verhalten des Yttriums bei der Sorption (SCHILLING und RICHTER, 1964) ergeben: Unterhalb des für die quantitative Fällung der Hydroxide verantwortlichen pH-Wertes wird bereits in erheblichem Umfange Fe bzw. Y der Lösung entzogen und nicht austauschbar am Sorptionsträger gebunden. Nur liegt beim Fe das für diesen Effekt zur Verfügung stehende pH-Intervall viel niedriger als beim Yttrium, da sich die Fällungsbereiche der beiden Hydroxide entsprechend unterscheiden.

Die nicht austauschbare Sorption des Fe bzw. Y läßt sich am leichtesten über die Entstehung kleiner Molekülaggregate zu Beginn der Hydroxidbildung erklären. Ihren Aufbau könnte man sich in Anlehnung an EMELÉUS und ANDERSON (1954) etwa folgendermaßen vorstellen:

$$2\,Fe^{3+} + H_2O \leftrightharpoons [Fe_2O]^{4+} + 2\,H^+$$

$$Fe^{3+} + [Fe_2O]^{4+} + H_2O \leftrightharpoons [Fe_3O_2]^{5+} + 2\,H^+ \quad \text{usw.}$$

Auf diese Weise würden mehrkernige Kationen der Form

$$\begin{array}{ccccc} -\mathrm{Fe} & - & \mathrm{O} & - & \mathrm{Fe}- \\ | & & & & | \end{array}$$

entstehen, die eventuell untereinander vernetzt sind bzw. an freien Valenzen OH-Gruppen tragen. Diese Aggregate, die durch das angewendete Zentrifugieren bei 2000 g ohne Feststoffzusatz nicht erfaßt werden konnten, wären dann am SiO_2 nicht austauschbar niedergeschlagen worden. Der Effekt ist natürlich besonders dann sichtbar, wenn es sich um relativ geringe Fe- bzw. Y-Konzentrationen handelt, wenn also die Oberfläche des Trägers für eine solche Sorption genügend groß ist.

Zwar wurden die hier dargelegten Untersuchungen nur mit einem Sorptionsträger, dem Kieselsäureanhydrid, durchgeführt, doch unterstützen die beim Y mit mehreren sehr unterschiedlichen Substanzen erzielten Ergebnisse (SCHILLING und RICHTER, 1964) die gezogenen Schlußfolgerungen nachhaltig. Vielleicht handelt es sich also bei dem in Frage stehenden Effekt um eine allgemeiner gültige Erscheinung. Es erscheint daher nicht unmöglich, daß in Zukunft noch andere Elemente, vielleicht vorwiegend solche, die in Spuren im Boden vorkommen und schwerlösliche Hydroxide bilden, eine nicht austauschbare Bindung an Oberflächen bei pH-Werten unterhalb der Fällung der Hydroxide erkennen lassen (vgl. auch „Radiokolloide“ bei HECHT und ZACHERL, 1955). Dies hätte für die Aufklärung des Wechselspiels zwischen Boden und Pflanze bei der Aufnahme einiger Elemente aus dem Boden Bedeutung. Man denke nur an die Fe-Aufnahme, die dann unter natürlichen Verhältnissen praktisch stets aus einem Milieu erfolgen würde, in dem Fe(III) kaum noch als Ion vorliegt. Chelatisierung bzw. Ansäuerung im Wurzelbereich dürften daher eine wichtige Rolle spielen.

Zusammenfassung

In Schüttelversuchen wurde die pH-Abhängigkeit der Sorption von Fe an Kieselsäureanhydrid als Träger im Vergleich zur pH-Abhängigkeit der Fällung von $Fe(OH)_3$ untersucht. Die Ergebnisse zeigen eine nicht austauschbare Bindung des Fe an den Träger kurz unterhalb des für die Ausfällung von $Fe(OH)_3$ verantwortlichen pH-Intervalls (pH 2,4 bis 3,9). Offenbar liegt das Eisen in diesem pH-Bereich in Form von Molekülaggregaten an den Träger gebunden vor. Diese Ergebnisse stimmen mit gleichartigen Beobachtungen über die Bindung des Yttriums überein, über die bereits früher berichtet wurde. Offenbar verläuft also die Ausfällung der Hydroxide höherwertiger Kationen bei schrittweiser pH-Erhöhung so, daß zunächst kleinere Aggregate — vielleicht in Form mehrkerniger Kationen — entstehen, die von Oberflächen ziemlich fest sorbiert werden können. Die Bedeutung dieses Sachverhaltes für Fragen der Bodenkunde und Pflanzenernährung wird diskutiert.

Резюме

Наименование работы: Изучение связывания железа неорганическими почвенными веществами

В вибрационных опытах сравнивалась зависимость сорбции железа ангидридом кремневой кислоты от pH и зависимость осаждения $Fe(OH)_3$ от pH. Результаты показали, что при показателях pH несколько меньших, чем pH 2,4—3,9 (интервал pH, при котором осаждается $Fe(OH)_3$), имеется необменное соединение Fe с носителем. Очевидно, в этих пределах pH железо связано с носителем в форме агрегатов молекул. Эти результаты соответствуют результатам, полученным при исследовании связывания иттрия, о которых уже сообщалось ранее. Очевидно, осаждение гидроокисей более многовалентных катионов при постепенном увеличении pH протекает таким образом, что вначале образуются более маленькие агрегаты — может быть в форме многоядерных катионов, которые довольно прочно могут сорбироваться на поверхностях. Обсуждается значение этих фактов для почвоведения и питания растений.

Summary

Title of the paper: Studies on the linkage of iron to inorganic soil components

Silicic anhydride was used as carrier to compare by vibratory tests the pH-dependence of sorption on Fe with the pH- dependence of precipitation on $Fe(OH)_3$. The results obtained have suggested a non-interchangeable linkage of Fe to the carrier just below the pH-interval responsible for the precipitation of $Fe(OH)_3$ (pH = 2. 4—3. 9). The iron in this pH-range is obviously linked to the carrier in form of molecular aggregates. These results would agree with equal observations on the linkage of Yttrium reported earlier. Hydroxide precipitation of cations of higher valence in stepwise pH-rise is thought to be accompanied by the formation, in the first place, of smaller aggregates, maybe in form of multi-nuclear cations, which can be adsorbed with comparative tightness by surfaces. The impacts of these findings on both problems of soil science and plant nutrition are discussed.

Literatur

D'Ans, J.; Lax, E.: Taschenbuch für Chemiker und Physiker. 2. Aufl., Berlin-Göttingen-Heidelberg, Springer Verl., 1949

Dietrich, H.: Die Anwendung von Ionenaustauschern zur Trennung von Spurenelementen in Pflanzenaschen. Z. landwirtsch. Vers.- u. Untersuchungswes. 9 (1963), S. 549—559

EMELÉUS, H. J.; ANDERSON, J. S.: Ergebnisse und Probleme der modernen anorganischen Chemie. 2. Aufl., Berlin-Göttingen-Heidelberg, Springer-Verl., 1954

HECHT, F.; ZACHERL, M. K.: Handbuch der mikrochemischen Methoden. Bd. II, Wien, Springer-Verl., 1955

HUNTER, A. H.; COLEMAN, N. T.: Ion-exchange separations in the determination of some polyvalent metal ions in plant tissue. Soil Sci. 90 (1960), S. 214—218

SCHILLING, G.; RICHTER, D.: Über das Verhalten von ^{90}Sr und ^{90}Y in mitteldeutschen Böden. Thaer-Arch. 8 (1964), S. 107—125

Anschriften der Verfasser

Prof. Dr. habil. GÜNTHER SCHILLING
Landwirtschaftlich-Chemisches Institut
der Friedrich-Schiller-Universität Jena
69 Jena, Philosophenweg 14

Dr. DIETMAR RICHTER
Institut für Pflanzenernährung Jena
der Deutschen Akademie der Landwirtschaftswissenschaften zu Berlin
69 Jena, Naumburger Straße 98

Aus dem Institut für Bodenkunde und Mikrobiologie
der Karl-Marx-Universität Leipzig

DIETER KLEINHEMPEL

Über Pflanzenhuminsäuren

Eingegangen: 30. 3. 1966

1. Einleitung

Huminsäuren sind natürlich vorkommende Polymere, die auf Grund ihrer Alkalilöslichkeit und Säurefällbarkeit von anderen Huminstoffgruppen abgetrennt werden können. Schon von jeher isolierte man Huminsäuren aus den verschiedensten Materialien. So fällte sie ACHARD (1786) aus wäßrig-alkalischen Torfextrakten mit Hilfe von Schwefelsäure, während BERZELIUS (1839) den mit KOH hergestellten Extrakt von Ackererde ansäuerte. Auf ähnliche Weise kann man bei der Extraktion von Braunkohle, Kompost und Mikroorganismenkulturen vorgehen. MÜCKE und OBENAUS (1963) berichten über den Nachweis von Huminsäuren in chinesischem Tee und gerösteten Kaffeebohnen. Im Hinblick auf die Entstehung der Huminsäuren muß man heute die verschiedensten Reaktionsmöglichkeiten gelten lassen (SCHEFFER und ULRICH, 1960; FLAIG, 1960). Die wichtigsten davon dürften Polymerisationen von phenolischen Körpern sein, wobei nach ZIECHMANN und KICKUTH (1961) durch Sauerstoffradikale induzierte Radikalpolymerisationen zugrunde liegen. Die große Zahl der sich daraus ergebenden Kombinationsmöglichkeiten läßt eine absolute Uneinheitlichkeit zwischen den einzelnen Huminsäuremakromolekülen erwarten. DUBACH und MEHTA (1963) sind der Ansicht, daß es nicht 2 identische Huminstoffmolekeln gibt. Da somit eine exakte chemische und physikalische Charakterisierung gegenwärtig nicht möglich ist, besteht Veranlassung, im Zuge der Arbeiten mit verschiedenen Huminsäuren diese nach ihrer Herkunft zu kennzeichnen. Man spricht daher zweckmäßig von Bodenhuminsäuren, Pilzhuminsäuren, Torfhuminsäuren usw. Extrahiert man nun abgestorbene Pflanzenteile mit verdünnter NaOH, so erhält man säurefällbare Anteile, die Gemeinsamkeiten mit anderen bisher beschriebenen Huminsäureformen erkennen lassen. Es liegt nahe, für diese Produkte den Ausdruck „Pflanzenhuminsäuren" zu gebrauchen. Sie könnten nach dem Zelltod aus pflanzlichen Polyphenolen und Aminosäuren, aus aromatischen Aminosäuren durch Melaninbildung oder auf dem Wege der Oxydation von Ligninkrusten nach mikrobieller Zersetzung von Hemicellulose- und Cellulosebestandteilen und anschließender Reaktion mit Aminosäuren entstanden sein. Selbstverständlich muß auch mit einer Ausfällung von alkalilöslichem Lignin gerechnet werden. Nach SWABY (1963) bilden sich Huminstoffe durch schnelle Copolymerisation einfacher Phenole in abgestorbenen Pflanzenzellen und nicht durch langsame Zersetzung von Lignin.

DAVIES und COULSON (1959) wenden sich gegen die Bezeichnung „Pflanzenhuminsäuren", solange nicht die Identität mit Bodenhuminsäuren experimentell nachgewiesen wurde. Da jedoch die bodenbürtigen Huminsäuren selbst noch nicht eindeutig chemisch zu charakterisieren sind, dürfte ein exakter Identitätsbeweis zur Zeit nicht möglich sein. Trotzdem wurde versucht, im Rahmen der gegenwärtig vorhandenen Möglichkeiten zur Lösung des genannten Problems beizutragen.

2. Methodisches Vorgehen

2.1. Gewinnung der Pflanzenhuminsäuren

2.1.1. Ohne H_2SO_4-Vorbehandlung

50 g an lufttrockener, gemahlener Substanz (< 0,5 mm) wurden mit 4 Litern 0,2 n NaOH 1 Stunde bei 70—80 °C extrahiert, nach dem Abkühlen über eine Porzellanfilternutsche abgesaugt und bis zur annähernd neutralen Reaktion ausgewaschen. Der Rückstand wurde quantitativ gewonnen und nach dem Trocknen hinsichtlich Wasser- und Aschegehalt untersucht. Die erhaltenen Alkaliextrakte und das Waschwasser gelangten zur Auffüllung auf 5 Liter und anschließend mit Hilfe von 100 ml H_2SO_4 (1:1) zur Ansäuerung. Die entstehende Suspension erhielt 24 h Gelegenheit zur Sedimentation. Danach wurde so weitgehend wie möglich dekantiert sowie der Rest an der Zentrifuge getrennt und ausgewaschen. Nach schonender Trocknung der Präparate bei 50 °C erfolgte die Untersuchung auf Wasser- und Aschegehalt.

2.1.2. Mit H_2SO_4-Vorbehandlung

50 g Substanz wurden zunächst einer einstündigen Säurevorbehandlung mit 2 Litern 2 n H_2SO_4 bei 70—80 °C unterworfen. Der Rückstand wurde dann der unter 2.1.1. beschriebenen NaOH-Extraktion zugeführt.

2.2. Ausgangsmaterialien

Für die Extraktion alkalilöslicher und säurefällbarer Substanz gelangten zur Verwendung: Eichenblätter (am Sproß bereits abgestorben), Erbsenstroh, Fichtenholz, Fichtennadeln (am Sproß noch lebend), Gräserwurzeln (*Lolium multiflorum*), Kartoffelkraut, Luzernewurzeln, Maisstengel, Stalldung, Stroh (Winterroggen).

Tabelle 1

Asche- und N-Gehalt der verwendeten Ausgangsmaterialien

Substanz	Asche %	N %	Substanz	Asche %	N %
Fichtenholz	0,34	0,50	Erbsenstroh	7,13	1,00
Roggenstroh	3,73	0,80	Eichenlaub	10,60	1,94
Maisstengel	5,22	0,92	Gräserwurzel	17,97	1,39
Fichtennadel	5,32	1,06	Stalldung	20,37	2,34
Luzernewurzel	5,41	2,76	Kartoffelkraut	21,56	1,12

2.3. C-Bestimmung (C_{ox})

Es gelangte die Methode SPRINGER und KLEE (1955) zur Anwendung. Die Erfassung der Cr^{3+} erfolgte mit Hilfe des durch Elpho II ergänzten Pulfrich-Photometers bei 570 nm.

2.4. N-Bestimmung

H_2SO_4-Aufschluß mit Selenreaktionsgemisch, anschließende Wasserdampfdestillation des NH_3 und Rücktitration der vorgelegten H_2SO_4 mit n/50 NaOH unter Verwendung von Tashiro-Indikator.

2.5. Optische Dichte, Farbquotient FQ

Eine 20 mg asche- und wasserfreier Substanz entsprechende Einwaage an Pflanzenhuminsäure wurde in 100 ml 0,5%iger NaOH gelöst und die Extinktion bei 570 nm mit dem Pulfrich-Photometer und Zusatzgerät Elpho II ermittelt. Im gleichen Arbeitsgang erfolgte noch die Messung bei 410 und 610 nm für die Berechnung des Farbquotienten nach THUN, HERRMANN, KNICKMANN (1955). Der k-Wert (Extinktion:Schichtdicke) bei 570 nm wurde mit Hilfe des Faktors 0,3802 in mg Huminsäure pro 100 ml umgerechnet und in % der Einwaage angegeben (ebenda).

2.6. Mikrobiologische Untersuchungen

2.6.1. Zersetzung des Ausgangsmaterials

20 g Substanz + 20 g Quarzsand + eine Menge NH_4NO_3, entsprechend der Differenz zum N-Gehalt des Luzernemehles, wurden im modifizierten Fernbachkolben gemischt (vgl. MÜLLER und KLEINHEMPEL, 1963) und mit Schwarzerde-Bodenfiltrat (Stöntzsch, Bez. Leipzig) angefeuchtet. Nach jeweils 14, 28, 56 und 112 Tagen wurde die Bebrütung bei Zimmertemperatur abgebrochen und die Ausbeute an Huminsäuren gemäß 2.1.1. bestimmt.

2.6.2. Mineralisation der Huminsäurepräparate

Es gelangte die von CORNFIELD (1961) beschriebene Methode zur Anwendung: 100 mg asche- und wasserfreie Substanz (die Pflanzenhuminsäuren waren nach 2.2.1., die Bodenhuminsäuren nach 2.1.2. gewonnen worden) wurden in ein Wägeglas eingewogen und mit 1 g Boden (Schwarzerde Stöntzsch) sowie 14 mg KNO_3 (in 0,3 g H_2O gelöst) vermischt und angefeuchtet. Des weiteren wurde das Wägeglas mit einem 0,2 g BaO_2 und 0,5 ml H_2O enthaltenden Glühröhrchen beschickt und gut gefettet verschlossen. Nach 3, 6, 9, 15, 30, 50 und 80 Tagen erfolgte die Auswechslung der Röhrchen gegen frische. Das BaO_2 reagiert nach CORNFIELD wie folgt:

$$2\,BaO_2 + CO_2 + H_2O \rightarrow BaCO_3 + Ba(OH)_2 + O_2$$

Dadurch bleibt der Sauerstoffpartialdruck im Reaktionsgefäß einigermaßen konstant. Der Wechsel der Absorberröhrchen soll erfolgen, nachdem 50% der Kapazität des BaO_2 (50 mg CO_2) in Anspruch genommen worden sind. Täglich ist einmal zu schütteln, um entstandenen „Schaum" zu beseitigen. Die Freisetzung des absorbierten CO_2 erfolgt mit 2n HCl nach der Originalvorschrift im Calcimeter nach COLLINS (1906). Im vorliegenden Falle wurde so vorgegangen, daß das Absorptions-Glühröhrchen in ein mit 15 ml 2n HCl beschicktes Absorptions-U-Rohr eingebracht und beide zusammen sorgfältig gewogen wurden. Durch Kippen und leichtes Schütteln des U-Rohres gelingt es, HCl und $BaCO_3$ quantitativ zur Reaktion zu bringen. Man wartet 10 Minuten und saugt etwa 10 Sekunden Luft durch das Reaktionsgemisch, danach erfolgt die Rückwägung. Eine Probe in einem nicht mit Boden beschickten Wägegläschen ergibt den Blindwert des BaO_2.

2.6.3. Test mit dem KOCHschen Plattengußverfahren

2,0 g Strohhuminsäure (gewonnen ohne H_2SO_4-Vorbehandlung) wurden in 500 ml 0,5%iger NaOH (steril) gelöst und mit 500 ml Agar (enthaltend 1,0 g NaCl, 0,25 g $MgSO_4$, 0,01 g $FeSO_4$, 0,04 g $CaSO_4$ pro Liter) vermischt. Als Impfsuspension gelangte Schwarzerde Stöntzsch in verschiedenen Verdünnungsstufen zur Anwendung. Zum Vergleich wurde mit Glukose, Hydrochinonhuminsäure und Schwarzerdehuminsäure als Kohlenstoffquelle gearbeitet.

2.7. Konduktometrische Bestimmung der Kationenumtauschkapazität nach SANDHOFF (1954)

Die benötigten 10000 Hz wurden mit einem Schwebungsgenerator, Typ 2620a des VEB Funkwerk Erfurt, erzeugt. Als Anzeigeinstrument diente das Universalmeßgerät EAW Nr. 316861.

2.8. Ermittlung der Bromierbarkeit

100 mg Huminsäure gelangten zur Einwaage und Lösung in 100 ml 0,5%iger NaOH. Aliquots davon (30 ml) wurden im Erlenmeyer-Schliffkolben mit 20 ml n/10 $KBrO_3 \cdot 5 KBr$-Lösung und 20 ml HCl (1:1) versetzt. Das entwickelte Brom bekam 1 h lang Gelegenheit, bei Zimmertemperatur auf die Huminsäure einzuwirken. Danach erfolgte eine Zugabe von 20 ml n/10 As_2O_3-Lösung (auf vollständige Umsetzung mit gasförmigem Brom achten, verschlossenen Kolben einmal umschütteln) und potentiometrische Rücktitration mit n/10 Bromid-Bromat-Lösung. Es fand das Titrimeter TM 62 von Ilm-Labor Verwendung bei graphischer Ermittlung des Bromverbrauches.

2.9. Eisengehalt

Die Bestimmung erfolgte mit $\alpha-\alpha'$-Dipyridyl in der nach JACKSON (1958) aufgeschlossenen Aschelösung.

2.10. IR-Spektren

Die Gewinnung wurde in dankenswerter Weise vom Institut für Organische Chemie der Karl-Marx-Universität durch Herrn Dr. habil. R. BORSDORF übernommen (UR-10 von VEB Carl Zeiss Jena, KBr-Tablette).

2.11. Elektrophorese

2.11.1. Trennung der alkaligelösten Substanzen (10 mg/ml 0,5%ige NaOH) im Boratpuffer nach SÖRENSEN, pH 8,6 und bei 400 Volt 1 h mit der Elektrophoresekammer von VEB Carl Zeiss, Jena, und unter Verwendung von Filtrak-Streifen FN 1.

2.11.2. Trennung alkalilöslicher Fe-Komplexe (hergestellt nach TITOVA, 1962) unter den gleichen Bedingungen wie bei 2.11.1.

2.12. Löslichkeit

2.12.1. Überprüfung der Löslichkeit in organischen Lösungsmitteln

Wenige mg Substanz wurden mit 1 ml Lösungsmittel übergossen und in der Kälte wie auch zum Teil in der Wärme (Wasserbad) zu lösen versucht.

2.12.2. Löslichkeit in Acetylbromid

Hier gelangte das von SPRINGER (vgl. THUN, HERRMANN, KNICKMANN, 1955) beschriebene Verfahren zur Anwendung.

3. Ergebnisse

Die Gewinnung von Huminsäuren wird üblicherweise entweder mit oder ohne Mineralsäurevorbehandlung des Bodens durchgeführt. Um hierbei gegebenenfalls eintretende stoffliche Veränderungen unverrotteter Bestandteile der organischen Substanz zu erfassen, wurde in unseren Untersuchungen einmal mit und zum anderen ohne H_2SO_4-Vorbehandlung bei der Extraktion von Huminstoffen aus verschiedenen Pflanzenmaterialien gearbeitet. Die Extraktion unter ausschließ-

Tabelle 2

Kennwerte von Pflanzenhuminsäuren, die ohne H_2SO_4-Behandlung des Ausgangsmaterials gewonnen wurden

Huminsäure aus	1	2	3	4	5	6	7	8	9	10
Fichtenholz	1,8	84,0	14,2	5,3	145,0	5,4	6,3	0,35	118	n. b.
Kartoffelkraut	4,6	78,6	16,8	5,2	78,5	9,5	3,9	4,30	127	72,6
Erbsenstroh	5,1	58,6	36,3	4,0	91,0	17,1	3,8	3,91	137	86,4
Eichenlaub	14,2	48,7	37,1	6,6	95,1	24,0	3,6	3,04	206	101,0
Luzernewurzel	14,6	30,6	54,8	10,9	96,0	3,5	8,0	2,32	120	74,4
Maisstengel	15,2	31,7	53,1	2,3	105,0	5,3	7,5	1,49	121	97,4
Fichtennadel	15,4	43,4	41,2	7,3	103,0	34,9	3,4	3,81	186	102,5
Gräserwurzel	22,9	58,1	19.0	25,0	86,4	27,6	3,9	1,96	136	91,9
Stalldung	23,6	46,1	30,3	11,1	83,7	17,7	6,0	2,66	267	97,6
Roggenstroh	35,0	33,9	31,1	2,6	80,6	4,9	2,8	1,25	216	89,5

1: aschefreie Ausbeute an Pflanzenhuminsäure in % der Ausgangssubstanz
2: aschefreier Extraktionsrückstand in % der Ausgangssubstanz
3: löslicher Anteil in % der Ausgangssubstanz
4: Aschegehalt in % des Huminsäurepräparates
5: oxidimetrisch bestimmbarer Anteil des Huminsäurepräparates in % der Einwaage (C × 1,724)
6: kolorimetrisch bestimmbarer Huminsäureanteil in % der Einwaage
7: Farbquotient
8: N-Gehalt in % der Einwaage
9: Kationenumtauschkapazität in mval pro 100 g Huminsäure
10: mg Bromaufnahme pro 100 mg Huminsäure

Tabelle 3

Kennwerte von Pflanzenhuminsäuren, die mit H_2SO_4-Behandlung des Ausgangsmaterials gewonnen wurden

Huminsäure aus	1	2	3	4	5	6	7	8	9	10	11
Fichtenholz	1,4	69,9	28,7	14,5	2,2	167,8	9,5	6,3	0,2	147	n. b.
Erbsenstroh	6,8	38,9	54,3	18,0	7,4	100,0	31,0	3,6	3,4	217	121,1
Kartoffelkraut	7,1	38,5	54,4	37,6	19,7	97,2	23,6	3,7	3,5	203	71,6
Luzernewurzel	8,5	20,8	70,7	15,9	15,2	104,1	9,9	4,7	1,9	198	69,5
Roggenstroh	9,5	34,2	56,4	25,2	11,1	104,5	10,0	6,4	1,4	248	147,3
Maisstengel	16,7	37,2	46,1	−7,0	5,9	103,0	5,0	7,4	1,6	157	89,6
Eichenlaub	16,8	25,2	58,0	20,9	9,1	105,0	39,6	4,0	2,4	197	122,7
Fichtennadel	22,0	27,8	50,2	9,0	6,5	100,5	25,3	4,4	2,4	196	119,5
Braunerde					23,5	81,0	118	2,4	3,2	275	44,3
Schwarzerde					58,1	101,9	152	2,5	6,8	319	93,3

1: aschefreie Ausbeute an Pflanzenhuminsäure in % der Ausgangssubstanz
2: aschefreier Extraktionsrückstand in % der Ausgangssubstanz
3: insgesamt löslicher Anteil in % der Ausgangssubstanz
4: durch H_2SO_4-Einwirkung zusätzlich gelöste Substanz in %
5: Aschegehalt in % des Huminsäurepräparates
6: oxidimetrisch bestimmbarer Huminsäureanteil in % der Einwaage (C × 1,724)
7: kolorimetrisch bestimmbarer Huminsäureanteil in % der Einwaage
8: Farbquotient
9: N-Gehalt in % der Einwaage
10: Kationenumtauschkapazität in mval pro 100 g Huminsäure
11: mg Bromaufnahme pro 100 mg Huminsäure

Tabelle 4
Änderung der prozentualen Pflanzenhuminstoffausbeute und des Rückstandes durch H_2SO_4-Vorbehandlung

Substanz	% Ausbeute	% Rückstand
Fichtenholz	− 0,37	− 14,1
Erbsenstroh	+ 1,72	− 19,7
Kartoffelkraut	+ 2,52	− 40,1
Luzernewurzel	− 6,10	− 9,8
Roggenstroh	− 25,55	+ 0,3
Maisstengel	+ 1,50	+ 5,5
Eichenlaub	+ 2,60	− 23,5
Fichtennadel	+ 6,61	− 15,6

licher Verwendung von verdünnter NaOH ließ zunächst erwarten, daß Lignin und Cellulose ungelöst zurückbleiben, während Ligninbruchstücke, Polyphenole, Oligosaccharide, Hemicellulosen, Peptide, Fette, Wachse und huminsäureähnliche Substanzen durch Salzbildung und Hydrolyse mehr oder weniger in Lösung gehen. Dies wird dadurch bestätigt, daß die Extraktionsrückstände mit Ausnahme von Mais positive Ligninreaktion mit Phlorogluzin und HCl ergaben, während die aus dem Extrakt mit Säure gefällten Produkte mit Ausnahme des aus Fichtenholz erhaltenen Präparates diesbezüglich negativ reagierten.

Läßt man dagegen vor der NaOH-Extraktion verdünnte Schwefelsäure in der Hitze einwirken, so wird ein gewisser Teil der Cellulose zusätzlich in Lösung gehen, so daß die Menge des Rückstandes abnimmt. Die hier vor allem interessierende NaOH-lösliche und säurefällbare Fraktion dürfte davon weniger berührt werden, sofern sie nicht während der sauren oder alkalischen Extraktion wenigstens zum Teil gebildet wird. Die Tabellen 2, 3 und 4 geben die in diesem Zusammenhang erhaltenen Ergebnisse wieder, wobei in Tabelle 3 der durch eine H_2SO_4-Vorbehandlung erhaltene Zuwachs an löslicher Substanz weitgehend der in Tabelle 4 nachgewiesenen Abnahme des Rückstandes und damit einer durch Hydrolyse in Lösung gebrachten Cellulosemenge entspricht. Das gilt mit Ausnahme von Roggenstroh und Mais. Bei diesem ist eine Zunahme des Rückstandes auf Kosten des „Säurelöslichen" zu bemerken. Das Roggenstroh wiederum zeigt in etwa Konstanz des Rückstandes, während der starke Anstieg der säurelöslichen Fraktion durch die H_2SO_4-Vorbehandlung mit einer ebensogroßen prozentualen Abnahme der Pflanzenhuminsäuren einhergeht. Daraus kann man schließen, daß in diesem Falle die hohe Ausbeute an Pflanzenhuminsäuren in Höhe von 35%, die ohne Säurevorbehandlung durch Heißextraktion mit NaOH zu erzielen ist, auf Substanzen beruht, die in verdünnten Säuren und Alkalien löslich sind und die im alkalischen Medium säurefällbar werden. In geringem Maße trifft das auch noch für die Luzernewurzel zu, während alle anderen diesbezüglich geprüften Materialien eine Erhöhung der Huminstoffausbeute durch Säurevorbehandlung erkennen lassen. Vom Fichtenholz abgesehen, liegen die Ausbeuten zwischen 5 und 35% und erreichen damit beim Roggenstroh beträchtliche Anteile.

Aus den Tabellen 2 und 3 gehen ferner die an Hand der Präparate gewonnenen Untersuchungsergebnisse hervor. Danach zeigt sich ein Aschegehalt in den Grenzen von 2 bis 25%, wobei die Säurevorbehandlung des Ausgangsmaterials in den meisten Fällen zur Erhöhung führte, was auf ein dadurch verstärktes Sorptionsvermögen schließen läßt. In Übereinstimmung damit erweist sich auch die Umtauschkapazität der nach Säurehydrolyse gewonnenen Präparate mit Ausnahme der Eichenlaubhuminsäure erhöht. Im Vergleich zu den Bodenhuminsäuren liegt die Umtauschkapazität der Pflanzenhuminsäuren niedriger, läßt aber bei Roggenstroh und Stalldung beträchtliche Werte in Höhe von 248 bzw. 267 mval/100 g erkennen.

Aufschlußreich sind die oxidimetrisch und mit Hilfe des konventionellen Faktors 1,724 ermittelten Substanzwerte. Mit Ausnahme des Fichtenholzpräparates ergab sich besonders nach H_2SO_4-Vorbehandlung eine befriedigende Übereinstimmung mit der Einwaage. Bekanntlich arbeiten die oxidimetrischen C-Bestimmungen nur dann einwandfrei, wenn Wasserstoff und Sauerstoff im Atomverhältnis des Wassers in den zu untersuchenden Verbindungen vorhanden sind. Überwiegt der Wasserstoff, dann entstehen zu hohe Substanzwerte. Dies ist im vorliegenden Falle bei der Fichtenholzhuminsäure zu beobachten. Offenbar handelt es sich hier um eine noch sehr ligninähnliche Fraktion. Legt man zum Beispiel den Ligninbestandteil Coniferylalkohol ($C_{10}H_{12}O_3$) zugrunde, dann ergibt der theoretische $K_2Cr_2O_7$-Verbrauch, wie üblich umgerechnet, 132% Substanz, bei Methoxyphenylpropan 180%. Die Werte der Fichtenholzhuminsäure liegen innerhalb dieses Bereiches, so daß auf nur wenig verändertes Lignin geschlossen werden darf.

Überwiegt Sauerstoff, dann ergeben sich zu niedrige Werte, wie zum Beispiel bei der Mellitsäure ($C_{12}H_6O_{12}$). Theoretisch kann man bei dieser über den Bichromat-Verbrauch nur 49% der eingewogenen Substanz finden. Die niedrigeren Mengen, die bei den ohne H_2SO_4-Vorbehandlung erhaltenen Pflanzenhuminsäuren oxidimetrisch nachgewiesen wurden, deuten deshalb auf einen stärkeren Oxydationsgrad hin.

Die Sonderstellung und Ligninverwandtschaft der Fichtenholzhuminsäure geht auch aus dem niedrigen N-Gehalt hervor, bei allen anderen Präparaten liegt er an der unteren Grenze des bei Huminsäuren üblichen Gehaltes (vgl. SCHEFFER und ULRICH, 1960). Die Säurevorbehandlung führte allgemein zu einer Senkung des N-Gehaltes der Präparate, er lag dann aber immer noch wesentlich über dem der Ausgangsmaterialien (vgl. Tab. 1). Dieser Befund steht zumindest der Annahme einer Reaktion von Pflanzenphenolen und Aminosäuren zu Huminstoffen bereits in der Pflanze nicht entgegen.

Als sehr unterschiedlich wurde die optische Dichte der Laugenextrakte gefunden. Die erfolgte Umrechnung auf Gehalt von Standardhuminsäure lieferte Werte zwischen 3 und 40% (Luzernewurzel- und Eichenlaubhuminsäure, Tab. 2 und 3). Bemerkenswerterweise liegt auch das aus Stalldung isolierte Präparat etwa in der Mitte dieses Bereiches. Diese Tatsache, im Zusammenhang mit dem sehr hohen Farbquotienten, bestätigt, daß der Stalldung keine besondere Bedeutung hinsichtlich der Bildung von Huminsäuren besitzt. Die vergleichsweise untersuchten Bodenhuminsäuren erwiesen sich als farbintensiver als die der Berechnung zugrundeliegende Standardhuminsäure, so daß Werte über 100% resultieren.

Anläßlich bromometrischer Phenolbestimmungen in ammoniakalischen Bodenperkolaten stellten KLEINHEMPEL und HIEKE (1963) fest, daß Huminstoffe in saurer Lösung meßbare Mengen Brom verbrauchen. FEUSTEL (1936) erhielt bei Einwirkung von Bromwasser auf Huminsäuren Tetrabromchinon, woraus zu schließen ist, daß das Brom teilweise Substitutionsreaktionen am Huminsäuremolekül bewirkt. MEISSNER (1953) fand den Bromverbrauch einiger mehrwertiger Phenole im alkalischen Medium sehr stark erhöht, so daß unter diesen Bedingungen eine zusätzliche Reduktionswirkung anzunehmen ist. Wir bromierten im stark sauren Bereich und erhielten bei Hydrochinon einen Verbrauch von 294 mg Brom pro 100 mg Substanz, entsprechend etwa 4,0 Tom Br/Mol Hydrochinon. Überraschenderweise war der Bromverbrauch einer N-frei gewonnenen Hydrochinonhuminsäure nicht wesentlich niedriger im Vergleich zu Hydrochinon, er betrug 241 mg Br pro 100 mg. Daraus kann man schließen, daß unter den gewählten sauren Bedingungen hauptsächlich Substitutionsreaktionen, z. B.

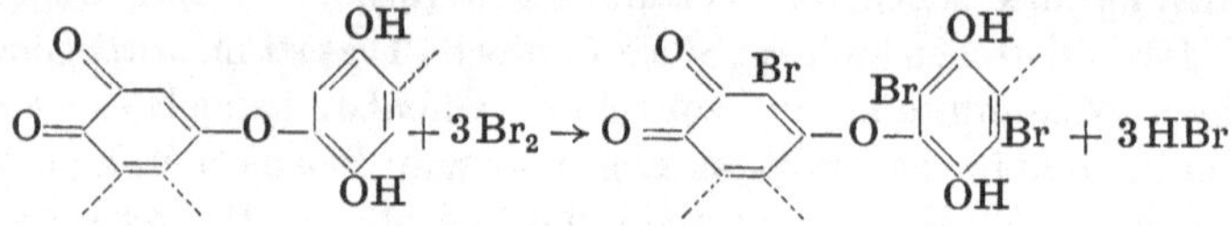

auftreten, so daß der Bromverbrauch als ein Maß für die Zahl der vorhandenen substituierbaren Wasserstoffatome im aromatischen Huminsäuregerüst angesehen werden kann. Der Bromverbrauch dürfte deshalb dem Vernetzungsgrad des Polymeren umgekehrt proportional und dem Aromaten- bzw. Chinongehalt proportional sein. In Übereinstimmung damit lassen in Tabelle 3 die bodenbürtigen Huminsäuren mit einem angenommenen hohen Vernetzungsgrad eine geringe Bromierbarkeit im Vergleich zur Eichenlaub-, Roggenstroh-, Fichtennadel- und Erbsenstrohhuminsäure erkennen. Allerdings bleibt zu klären, woraus die geringe Bromaufnahme bei Kartoffelkraut-, Mais- und Luzernewurzelhuminsäure resultiert, gegebenenfalls liegt hier ein absolut niedriger Aromatengehalt vor, die fehlende Ligninreaktion des Extraktionsrückstandes bei Mais deutet darauf hin.
Zwischen Farbquotient FQ und Bromaufnahme scheint eine gewisse Korrelation vorhanden zu sein, wenn man das Roggenstrohpräparat unberücksichtigt läßt; allerdings gestattet die geringe Zahl der Meßwerte kein abschließendes Urteil. Zwischen kolorimetrisch nachgewiesener Huminsäurekonzentration und Farbquotient besteht dagegen ein recht deutlicher Zusammenhang, wie Abbildung 1 erkennen läßt. Stalldung und Roggenstroh zeigen ein etwas abweichendes Verhalten. Im Zusammenhang mit einem früheren Ergebnis (KLEINHEMPEL und HIEKE, 1965), wonach der Farbquotient als Kennzahl für den Polymerisationsgrad anzusprechen ist, wird auch die Bildung der hier untersuchten Pflanzenhuminsäuren als kontinuierlich verlaufender Polymerisationsvorgang deutbar.
Eisenverbindungen vermögen in heterogener Katalyse die Bildung von Huminstoffen zu beschleunigen (vgl. SCHEFFER, MEYER und NIEDERBUDDE, 1959). Gleichzeitig stellen Huminsäuren Chelatoren für Fe-Ionen dar. Aus diesen Erwägungen heraus wurden die Fe-Gehalte der Huminsäurepräparate bestimmt. Sie liegen bei nicht vorhydrolysiertem Ausgangsmaterial nach Tabelle 5 zwischen 75 und 1000 ppm. Eine Schwefelsäurevorbehandlung beeinflußt den Eisengehalt unterschiedlich. Bei Fichtenholz-, Fichtennadel-, Luzernewurzel- und Kartoffel-

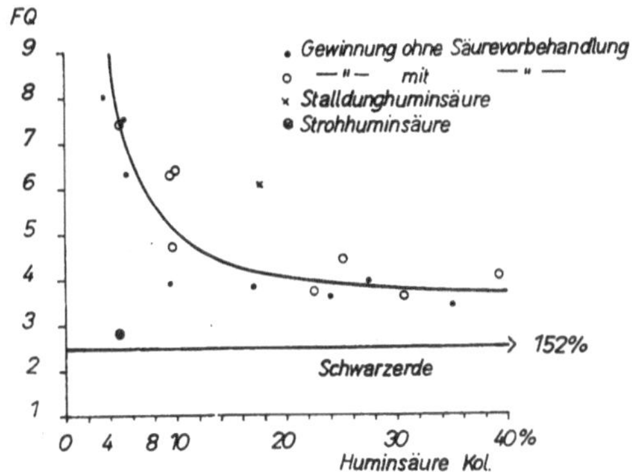

Abb. 1: Farbquotient (FQ) in Abhängigkeit vom Gehalt an kolorimetrisch nachweisbarer Pflanzenhuminsäure

krauthuminsäure nahm er ab, bei den anderen Präparaten zu. Die Zunahmen können dadurch erklärt werden, daß während der Säurehydrolyse löslich gewordenes Eisen komplex gebunden wird, so daß es in den nachfolgenden NaOH-Extrakt geht. An anderer Stelle (Kleinhempel, 1966) konnte derselbe Effekt bereits für Bodenhuminsäuren nachgewiesen werden. Natürlich muß man auch mit der Möglichkeit rechnen, daß auf Grund von im sauren Bereich niedrigen Komplexbildungskonstanten Eisen in Ionenform weggeführt wird und sich deshalb der Fe-Gehalt erniedrigt. Augenscheinlich bestehen zwischen den verschiedenen Pflanzenmaterialien diesbezüglich Unterschiede.

Tabelle 5
Fe-Gehalte von Pflanzenhuminsäuren in ppm

	Ausgangsmaterial nicht vorbehandelt	mit H_2SO_4 vorbehandelt
Roggenstroh	75	290
Fichtenholz	110	105
Maisstengel	210	12400
Erbenstroh	290	550
Fichtennadel	290	160
Stalldung	400	n. b.
Eichenlaub	425	640
Luzernewurzel	790	365
Gräserwurzel	1000	n. b.
Kartoffelkraut	1050	545
Braunerde	n. b.	33500

n. b.: nicht bestimmt

Summarisch kann der Fe-Gehalt der Pflanzenhuminsäuren als um eine Größenordnung niedriger als bei den bodenbürtigen Huminsäuren angegeben werden.
Im Hinblick auf die vorgesehenen mikrobiologischen Untersuchungen interessierte die Frage, wie sich die Ausbeute an Huminsäuren ändert, wenn man das Material einer Rotte überläßt und nach bestimmten Zeiten Parallelansätze extrahiert. Abbildung 2 zeigt die erhaltenen Ergebnisse, wobei die aus 20 g unverrotteter Substanz erzielte absolute Ausbeute gleich 100 gesetzt wurde. Man kann

allgemein bereits nach 14 Tagen eine starke Erniedrigung erkennen, die bei Roggenstroh 70% beträgt. Eine Ausnahme ergibt sich im Falle des Fichtennadelmaterials, das keinen Verlust an extrahierbarer und säurefällbarer Substanz zeigt. Eichenlaub und Erbsenstroh zeigen gegen Ende des Zersetzungsversuches bereits wieder eine beachtliche Neubildung von Huminsäuren. Da dies bei den anderen Substanzen nicht zu beobachten war, scheint der mikrobiologische Abbau von Eichenlaub und Erbsenstroh geeignet zu sein, die in früheren Untersuchungen (MÜLLER und KLEINHEMPEL, 1963) mit Luzernewurzelsubstraten nicht nachweisbare zweite Phase der Huminstoffbildung (Kombination mikrobiell freigelegter und reaktionsfähiger Bestandteile) zu studieren.

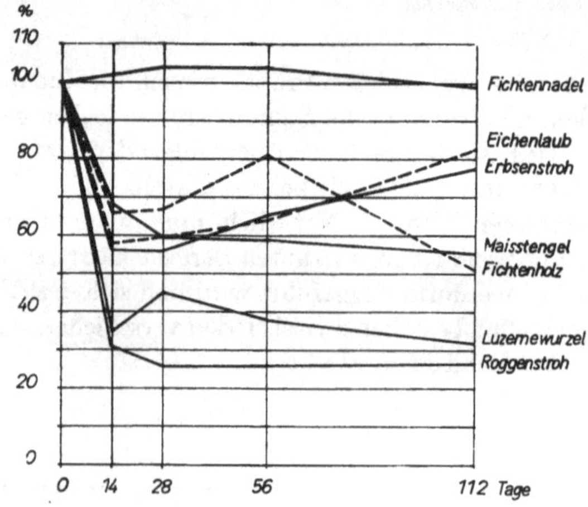

Abb. 2: Relative Ausbeute an Huminsäuren bei verschiedenen Pflanzenmaterialien in Abhängigkeit von der Zersetzungszeit

Die innerhalb der alkalilöslichen und säurefällbaren Fraktion ermittelten Anteile farbaktiver Huminstoffe erfahren, absolut gesehen, bei Erbsenstroh, Luzernewurzel und Roggenstroh ebenfalls geringfügige Abnahmen nach 112 Tagen Zersetzung; Mais, Eichenlaub und Fichtennadel lassen dagegen bereits Aufbaureaktionen erkennen (Abb. 3). Prozentual auf die nach jedem Zersetzungsstadium noch vorhandene Substratmasse bezogen, sind einheitlich Zunahmen festzustellen. Es wird damit bestätigt, daß die farbaktiven Fraktionen relativ stabile Substanzen darstellen.

Die im Rahmen der mikrobiellen Umsetzungen mineralisierten Substanzmengen gehen aus Abbildung 4 hervor. Auch hiernach war innerhalb der ersten 14 Tage die größte Mineralisationsrate gegeben, eine Ausnahme bildet das Fichtenholz, das nur sehr wenig angegriffen wurde. Es ist weiterhin bemerkenswert, daß die Leguminosenwurzelmasse wesentlich stärker abgebaut wurde als die oberirdisch gewachsenen Gramineenteile.

Bezieht man die aus Abbildung 2 ersichtliche Huminstoffausbeute prozentual auf die während der Zersetzung verminderten Pflanzenmassen, dann ergibt sich die

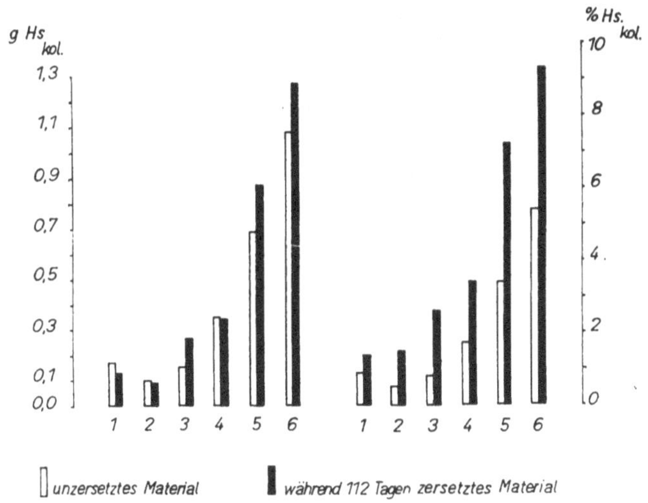

Abb. 3. Änderung des absoluten und prozentualen Gehaltes an kolorimetrisch nachweisbarer Huminsäure (Hs_{kol}) durch mikrobiologische Zersetzung
(1 = Erbsenstroh, 2 = Luzernewurzel, 3 = Maisstengel, 4 = Roggenstroh, 5 = Eichenlaub, 6 = Fichtennadel)

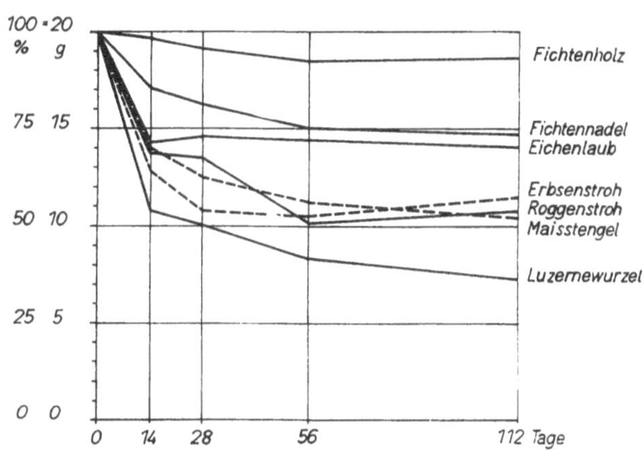

Abb. 4: Substanzverluste verschiedener Substrate (20 g Pflanzenmasse + 20 g Quarzsand) während der Zersetzungszeit

Darstellung in Abbildung 5, wenn man zudem noch den Ausgangsprozentgehalt gleich 100 setzt. Wiederum erscheint die erste Zersetzungsperiode als die aufschlußreichste, weil sich in ihr die Materialien differenziert verhielten. So verminderte sich bei Luzernewurzel, Fichtenholz und Roggenstroh während dieser Phase die Huminstoffausbeute schneller, als die Gesamtmasse abgebaut wurde. Daraus ergeben sich relativ starke Abnahmen der Prozentgehalte. Bei Erbsenstroh, Eichenlaub und Mais bleiben diese zunächst konstant, da hier Gesamtmasse und

Huminstofffraktion relativ gleichmäßig mineralisiert werden. Schließlich stellen Fichtennadeln ein Substrat dar, in dem sich mit fortschreitender Zersetzung sofort Pflanzenhuminstoffe anreichern.
Nach der ersten stürmischen Mineralisationsphase werden dann die NaOH-löslichen und säurefällbaren Substanzen langsamer abgebaut als die Gesamtmasse, es kommt allgemein zu einer Wiederanreicherung. Besonders ausgeprägt ist diese bei Erbsenstroh und Eichenlaub sowie Maisstengelmasse, hier werden über denen des Ausgangsmaterials liegende Prozentgehalte nachgewiesen.

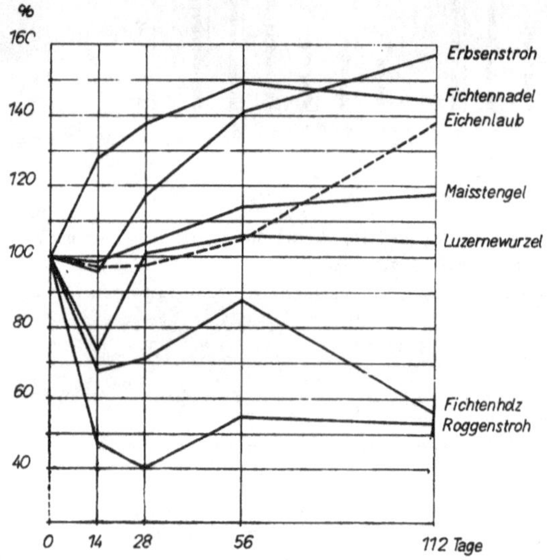

Abb. 5: Relative Änderung des prozentualen Gehaltes an Pflanzenhuminsäuren während der Zersetzung

Bei den im Rahmen dieses Abbauversuches isolierten Huminsäurepräparaten gelangten noch N-Gehalte und Kationenumtauschkapazitäten zur Bestimmung. Es zeigte sich in allen Fällen eine starke Erhöhung des N-Gehaltes, wobei aber die vor der Zersetzung vorhandenen Relationen in etwa gewahrt blieben. So enthielten nach Abschluß der Bebrütung die Huminsäuren aus Erbsenstroh, Luzernewurzel, Eichenlaub und Fichtennadel zwischen 4 und 6% N; bei Maisstengel und Roggenstroh ergaben sich etwa 3%, und das Fichtenholzpräparat besaß 1% N. Die N-Aufnahme war besonders stark in der anfänglichen Zersetzungsperiode, während gegen Ende, d. h. nach 112 Tagen ausnahmslos wieder geringe Rückgänge zu bemerken waren. Ebenso wurde die Umtauschkapazität anfangs rasch um 50—100 mval erhöht, bis nach 56 Tagen auch in diesem Falle eine geringfügig rückläufige Tendenz auftrat. Eine Ausnahme bildete das Roggenstroh, das zunächst bis zu 14 Tagen Zersetzungszeit eine Abnahme der UK erkennen ließ, während im Anschluß daran die Entwicklung dem Trend der übrigen Substanzen folgte.
Die Huminsäuren aus den Ansätzen mit der längsten Abbauzeit von 112 Tagen wurden noch hinsichtlich des Umfanges ihrer Bromaufnahme untersucht. Es

zeigten sich in allen Fällen Zunahmen gegenüber unzersetzt, wobei Maisstengel- und Roggenstrohhuminsäure mit 30 bzw. 40% auch absolut den größten Effekt erkennen ließen.
Faßt man die Ergebnisse der Zersetzungsversuche zusammen, so reicherten sich durch den Einfluß der Mikroorganismen in der Huminsäurefraktion farbaktive Substanzen an, der N-Gehalt nahm um 30 bis 100% zu, die Kationenumtauschkapazität erhöhte sich z. T. beträchtlich, und auch der Bromverbrauch wurde gesteigert.
Die aus den Zersetzungsvorgängen hervorgehenden Huminsäuren stehen demnach den Bodenhuminsäuren näher, ohne daß sich ein prinzipieller Unterschied zu den Pflanzenhuminsäuren fassen ließe.
Ein weiterer Zersetzungsversuch wurde dahingehend angelegt, daß unter Verwendung der CORNFIELD-Technik (1961) die isolierten Huminsäuren (s. 2.1.1.) nach Vermischung mit Schwarzerde zur Prüfung gelangten. Aus Abbildung 6 gehen die auf diesem Wege erhaltenen Summenkurven der CO_2-Freisetzung hervor, wobei zunächst auffällt, daß die Strohhuminsäure noch langsamer angegriffen wird als die aus Schwarzerde isolierte. Das überrascht insofern, als bei der Zersetzung von Stroh die Huminstoffausbeute in kurzer Zeit auf etwa 30% absinkt, woraus zu schließen ist, daß diese Substanzen im nativen Zustand sehr gut mikrobiell angreifbar sind. Bei der präparativen Gewinnung scheint hingegen eine Stabilisierung einzutreten, die die mikrobiologische Verwertbarkeit drastisch vermindert.

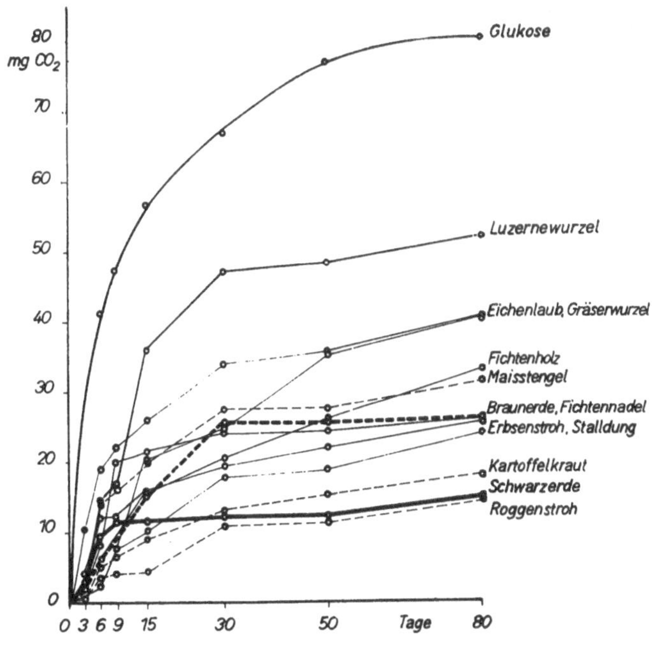

Abb. 6: Mikrobiologischer Abbau von Pflanzenhuminsäuren aus verschiedenen Materialien im Vergleich zu Bodenhuminsäuren

Fichtennadel-, Erbsenstroh-, Stalldung- und Kartoffelkrauthuminsäure liegen in diesem Versuch gleichfalls innerhalb des durch die beiden bodenbürtigen Huminsäuren abgegrenzten Bereiches, während die restlichen Präparate zum Teil wesentlich stärker mineralisiert werden. Darunter befindet sich auch die Fichtenholzhuminsäure, die noch positive Ligninreaktion ergab. Man ersieht daraus, daß freiliegendes und relativ wenig verändertes Lignin verhältnismäßig stark angegriffen werden kann. Wie zu ersehen ist, trifft dies auch für die Eichenlaub- und Gräserwurzelhuminsäure zu. Die Glukose wurde in diesem Versuch zu 60% der zugegebenen Menge mineralisiert.

Mit den Huminsäuren aus Stroh, Schwarzerde und Hydrochinon als C-Quellen gelangte im Vergleich zu Glukose ein KOCHscher Plattentest zur Anlage. Die Keimzahlen lassen sich aus Tabelle 6 entnehmen, und man erkennt in Übereinstimmung mit Abbildung 6, daß die Strohhuminsäure anfangs ein weniger geeignetes Substrat gegenüber der Schwarzerdehuminsäure darstellt. Auf dieser wiederum entwickeln sich die Aktinomyceten besser als auf Glukose, auf der sie von den hier stärker vertretenen Bakterien unterdrückt werden. Hydrochinonhuminsäure erweist sich als höchst ungeeignetes Substrat.

Die Abbildungen 7 und 8 geben die IR-Spektrogramme der ohne und mit Säureeinwirkung gewonnenen Huminsäurepräparate wieder. Die Befunde sind im Prinzip als gleichwertig zu betrachten, bei einigen Substanzen ist die Übereinstimmung besonders weitgehend. So sind in Abbildung 7 die Spektren der Präparate aus Fichtenholz und Maisstengelmasse nahezu identisch, gleiches trifft für Fichtennadel und Erbsenstroh, Schwarzerde und Roggenstroh sowie Stalldung und Gräserwurzel zu. Man erkennt die sehr breiten Banden der OH- und NH-Schwingung bei 3600 bis 3200 cm^{-1}; CH-Schwingungen lassen sich zwischen 3000 und 2800 cm^{-1} außer bei Gräserwurzel-, Stalldung- und Schwarzerdehuminsäuren ermitteln. Das Gebiet der $C{=}O^-$, $C{=}N^-$ und $C{=}C$-Absorption zwischen 1600 und 1800 cm^{-1}

Tabelle 6

Keimzahlbestimmungen

	mit Streptomycin Pilze	ohne Streptomycin Bakterien	Aktinomyceten	Kulturdauer (Tage)
Verdünnungsstufe:	10^{-3}	10^{-4}	10^{-3}	
C-Quelle:				
Glukose		220 ± 38	8 ± 2	3
	4,4 ± 2,1			4
	6,2 ± 2,1	> 270	138 ± 17,4	11
Strohhuminsäure		64 ± 17	11 ± 2	3
	5,0 ± 0,8			4
	9,0 ± 1,2	> 150	114 ± 19,4	11
Schwarzerdehuminsäure		114 ± 14	41 ± 10	3
	3,4 ± 1,5			4
	12 ± 1,2	> 150	68 ± 10	11
Hydrochinonhuminsäure		0	0	3
	0			4
	10 ± 1,2	0	0	11

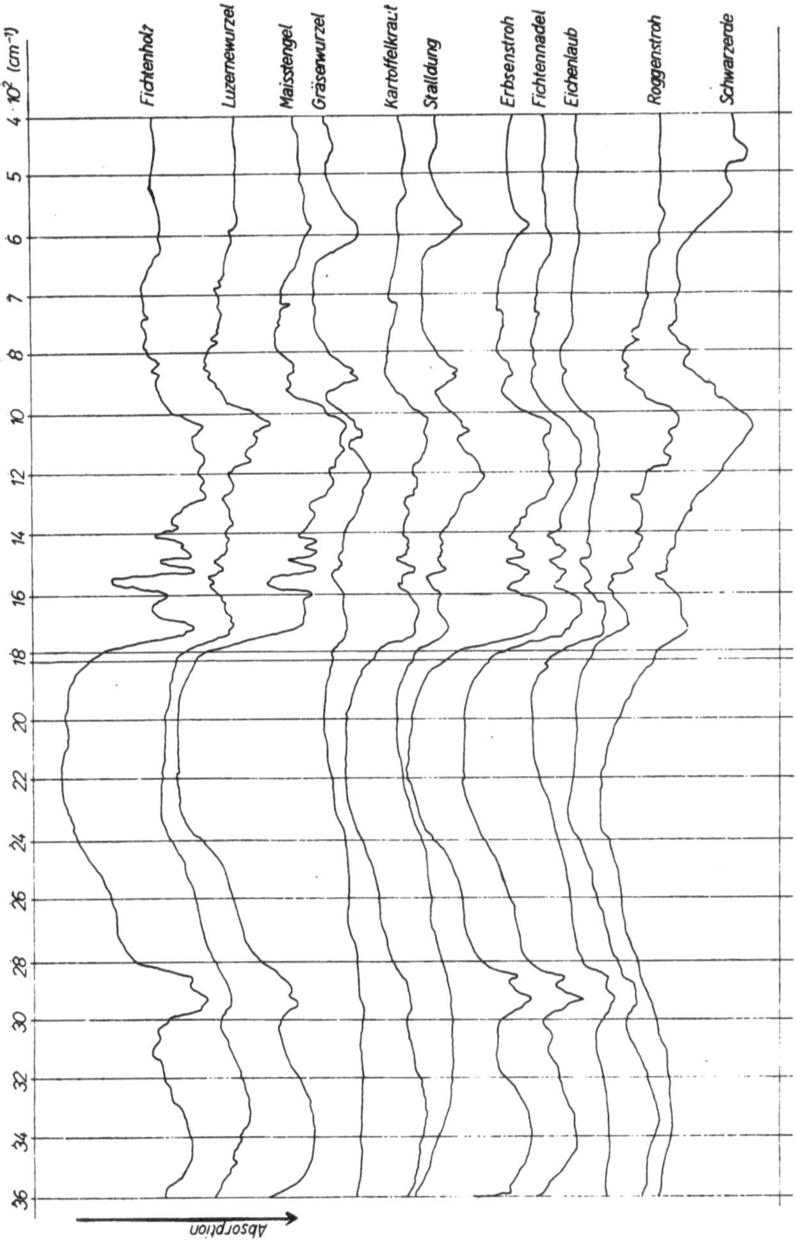

Abb. 7: IR-Spektren von natürlichen und Pflanzenhuminsäuren (vgl. 2.1.1.)

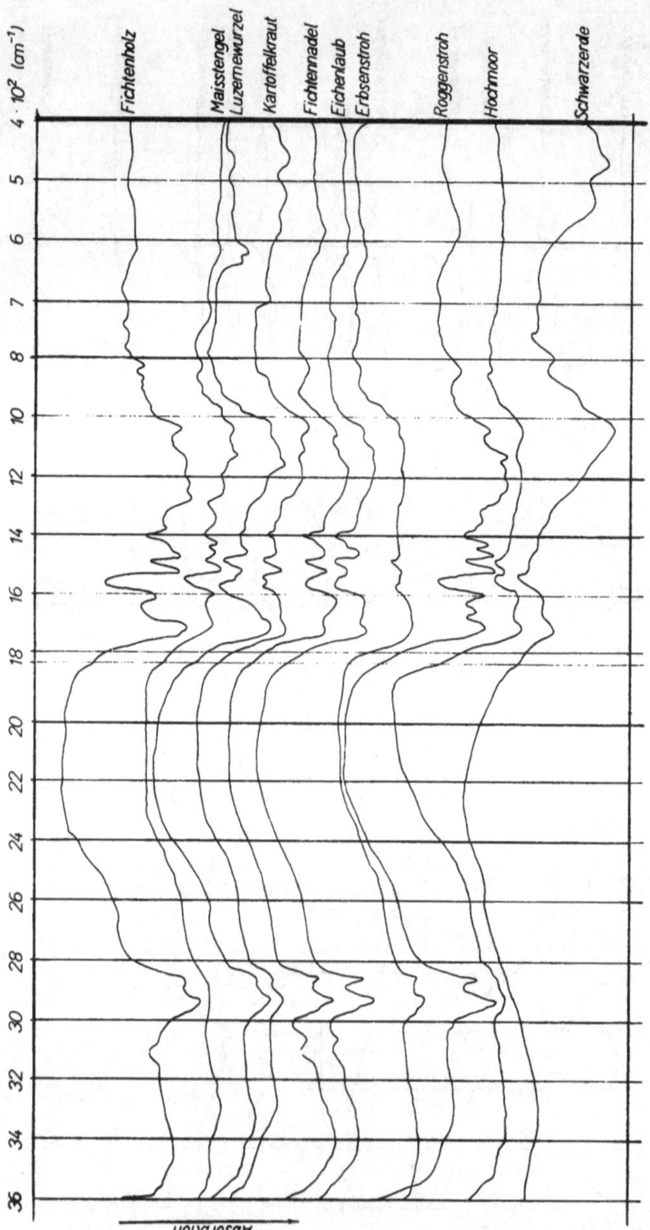

Abb. 8: IR-Spektren von natürlichen und Pflanzenhuminsäuren (vgl. 2.1.2.)

ist in den meisten Fällen unscharf wiedergegeben, lediglich die Fichtenholzhuminsäure zeigt hier 2 deutliche Banden. Dagegen treten im Bereich von 1600 bis 1400 cm^{-1} fast bei allen Präparaten mehr oder weniger ausgeprägt Banden auf, die auch dem von Ziechmann und Pawelke (1959) mitgeteilten Ligninspektrogramm zu entnehmen sind. Sieht man von Luzerne- und Gräserwurzel ab, dann nimmt in diesem Sorptionsbereich die Bandenstärke vom Fichtenholz- zum Schwarzerdepräparat hin ab. Berücksichtigt man ferner, daß die Fichtenholzhuminsäure noch die Ligninreaktion ergab und daß die Spektrogramme nach steigender Kationenaustauschkapazität der Präparate angeordnet wurden (mit Ausnahme von Gräserwurzel und Stalldung), so folgt, daß in dieser Reihe der Ligmincharakter abnimmt, die Huminsäureeigenschaften dagegen zunehmen.
In Abbildung 8 zeigt die Roggenstrohhuminsäure wesentlich schärfere Ligninbanden zwischen 1600 und 1400 cm^{-1} als in Abbildung 7. Unter Hinweis auf die geringere Ausbeute darf man schlußfolgern, daß säurelösliche Ausgangsstoffe für die Bildung von Pflanzenhuminsäuren in beträchtlicher Menge entfernt worden sind. Nach Flaig (1960) kommen im Stroh vorhandene Polyphenole in Frage. Beim unmittelbaren Alkaliextrakt polymerisieren und oxydieren diese sich zu säurefällbaren Substanzen.
Für die Strohhuminsäuren wurden noch die typischen Farbkurven ermittelt (Abb. 9). Es ergibt sich das Bild weitgehend gestreckter Kurven, wie sie von Schwarzerdehuminsäuren bekannt geworden sind.
Die Densitogramme der elektrophoretischen Auftrennung gehen aus Abbildung 10 hervor. Wie sich zeigt, bewegten sich gewisse Anteile aller Präparate in Richtung Anode. Die erhaltenen Ausschläge der Schwächung des Photostromes — von der

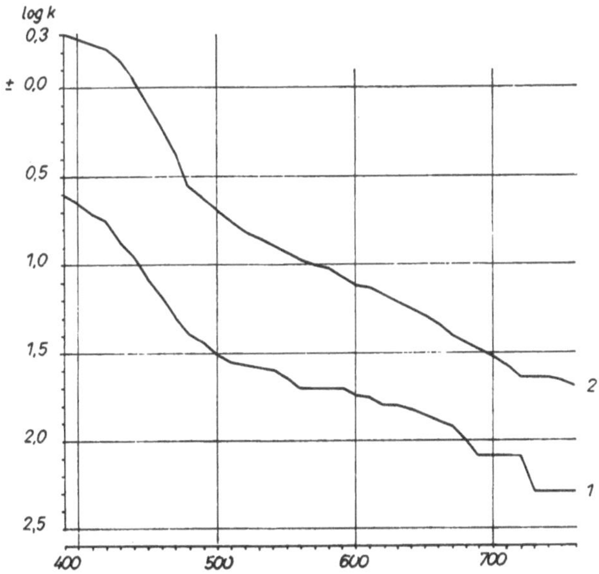

Abb. 9: Typische Farbkurven von Strohhuminsäuren
(1 = Stroh nicht mit H_2SO_4 vorbehandelt, 2 = Stroh mit H_2SO_4 vorbehandelt)

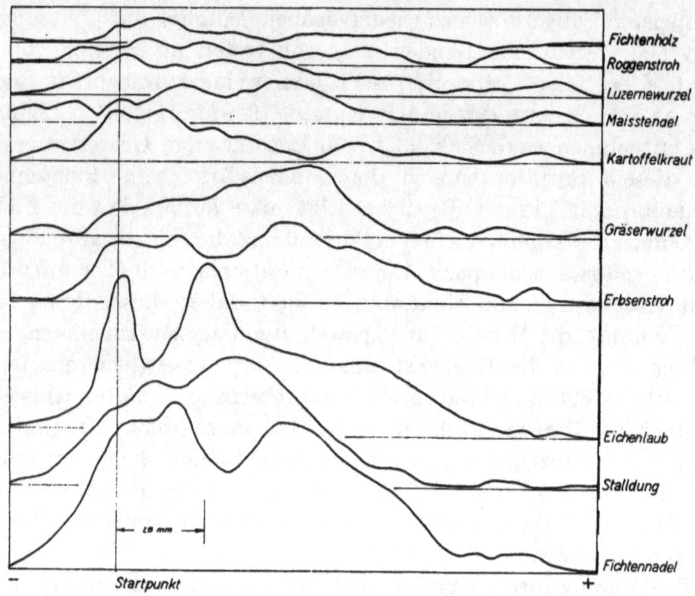

Abb. 10: Densitogramme von Pflanzenhuminsäuren, die ohne H_2SO_4-Vorbehandlung gewonnen wurden

jeweils mit angedeuteten Null-Linie aus gemessen — hängen von der Eigenfärbung ab und entsprechen etwa den in Tabelle 2 nachgewiesenen Huminsäurekonzentrationen. Neben einer am Startpunkt verbliebenen Fraktion kann man noch 2—3 verschwommene Peaks erkennen, die auf vorhandene Substanzgemische hinweisen. Abbildung 11 zeigt für die mit Säurevorbehandlung erhaltenen Pflanzenhuminsäuren den gleichen Befund; eine gewisse Farbvertiefung ist in Übereinstimmung mit Tabelle 3 besonders bei Roggenstroh und Kartoffelkraut zu erkennen. Ab-

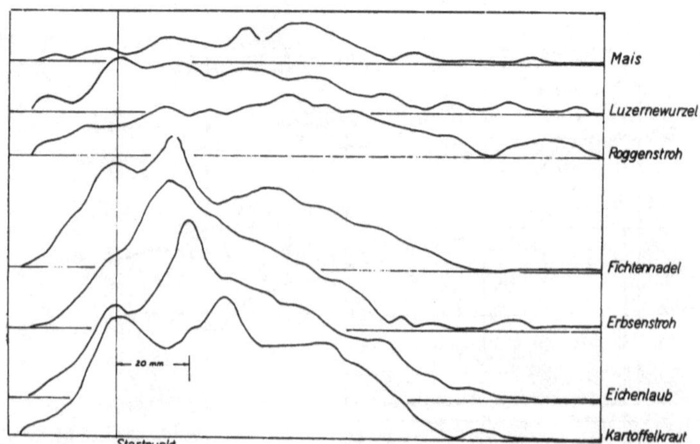

Abb. 11: Densitogramme von Pflanzenhuminsäuren, die mit H_2SO_4-Vorbehandlung gewonnen wurden

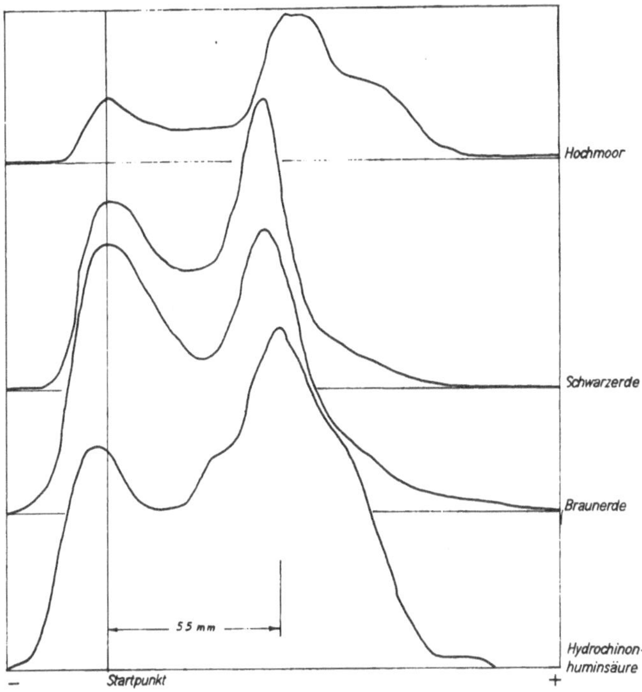

Abb. 12: Densitogramme natürlicher und synthetischer Huminsäuren

bildung 12 vermittelt die Ergebnisse von vergleichsweise mit derselben Technik geprüften bodenbürtigen Huminsäuren und einer synthetischen Hydrochinonhuminsäure. Es ist eine schärfere Trennung zwischen der am Startpunkt verbliebenen und der beweglicheren Fraktion zu bemerken, was auf die Abwesenheit größerer Mengen instabiler Zwischenprodukte hinweist.

Abbildung 13 vermittelt die Densitogramme von Eisenhuminsäurekomplexen, die nach der von TITOVA (1962) gegebenen Vorschrift gewonnen wurden. Wie zu ersehen ist, hat dadurch die Beweglichkeit der Huminsäuren im elektrischen Feld abgenommen, die Fraktionen finden sich in größerer Nähe des Startpunktes. Nach Anfärbung des Eisens mittels $K_4[Fe(CN_6]$ wurden die gleichen Densitogramme erhalten, so daß eine gesonderte Darstellung unterbleiben konnte. Überall, wo Huminsäuren auftraten, wurde hier auch Fe nachgewiesen. Ein Teil des Eisens verblieb demnach am Startpunkt, während ein anderer Teil in Richtung Anode transportiert wurde.

Damit können die von TITOVA (1962) sowie KONONOVA und TITOVA (1961) für Bodenhuminsäuren nachgewiesenen Anionenkomplexe auch für Pflanzenhuminsäuren bestätigt werden.

Während die ohne Säurevorbehandlung gewonnene Roggenstrohhuminsäure nur geringfügige Komplexbildung mit Fe-Ionen erkennen ließ, ist diese bei dem nach Säurehydrolyse erhaltenen Präparat wesentlich stärker zu bemerken gewesen. Gleiches trifft auch für die Luzernewurzelhuminsäuren zu. Im übrigen waren

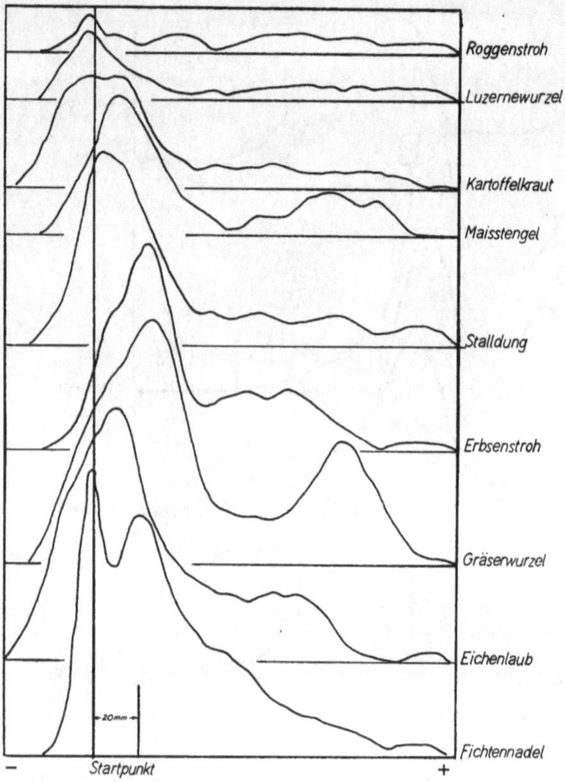

Abb. 13: Densitogramme der Eisenkomplexe von Pflanzenhuminsäuren, die ohne H_2SO_4-Vorbehandlung gewonnen wurden

die Densitogramme der anderen nach H_2SO_4-Vorbehandlung des Ausgangsmaterials hergestellten Eisenhuminsäurekomplexe vollkommen identisch mit den aus Abbildung 13 ersichtlichen, so daß auf die Wiedergabe verzichtet wurde.

Die Löslichkeit der Pflanzenhuminsäurepräparate in Acetylbromid vermittelt Tabelle 7. Wie zu erwarten war, ist die Resistenz gegenüber diesem Lösungsmittel nur gering. Den höchsten Prozentsatz unlöslicher Anteile enthält Erbsenstrohhuminsäure mit 53%. Stroh- und auch Stalldunghuminsäure zeigen nur sehr niedrige Werte. Allerdings beweisen diese Zahlen, daß der Übergang von der acetylbromidlöslichen zur -unlöslichen Substanz fließend ist, so daß diesem Kriterium keine absolute Bedeutung zukommt.

Im Rahmen dieser Untersuchungen wurde ferner die Löslichkeit der Präparate in Aceton, Äthanol, Eisessig, Dioxan und Dimethylformamid überprüft. Während die Bodenhuminsäuren in allen Lösungsmitteln nur sehr wenig löslich waren, löste Dimethylformamid die Pflanzenhuminsäuren befriedigend bis gut (vor allem Eichenlaub-, Fichtennadel- und Erbsenstrohhuminsäure). Bei den Strohhuminsäuren zeigte sich ein bemerkenswerter Unterschied zwischen der mit und ohne Säurevorbehandlung gewonnenen. Erstere löste sich sehr gut, letztere nur schlecht.

Tabelle 7
Rückstände nach Behandlung mit Acetylbromid
(Angaben in % der Einwaage)

Huminsäure aus	Ausgangsmaterial nicht vorbehandelt	mit H_2SO_4 vorbehandelt
Fichtenholz	1,72	2,34
Kartoffelkraut	1,37	8,61
Erbsenstroh	52,9	39,3
Eichenlaub	25,9	2,3
Luzernewurzel	0,0	21,9
Maisstengel	3,1	4,8
Fichtennadel	5,1	0,0
Gräserwurzel	0,0	n. b.
Stalldung	4,3	n. b.
Roggenstroh	0,0	2,4

4. Diskussion

Zum Problem der Pflanzenhuminsäuren erarbeitetes Material wurde dahingehend gedeutet, daß keine scharfe Abgrenzung zu den aus Böden gewinnbaren Huminsäuren besteht. Bei Pflanzenhuminsäuren handelt es sich um Substanzen, die durch NaOH-Extraktion aus postmortalem Pflanzenmaterial mit anschließender Säurefällung zu gewinnen sind. Sie werden analog den Bodenhuminsäuren durch folgende Merkmale gekennzeichnet: Mineralstoff-(Eisen-) und N-Gehalt, Fähigkeit zum Basenaustausch, zur Bromaufnahme und Komplexbildung mit Fe-Ionen, mikrobiologische Resistenz, unscharfe IR-Absorption, geringe Löslichkeit in organischen Lösungsmitteln, verschiedene Löslichkeit in Acetylbromid.
Unterschiede zu Bodenhuminsäuren sind nachweisbar, aber nur gradueller Art. Es dürfte sich deshalb empfehlen, für die oben gekennzeichnete Stoffgruppe den Begriff Pflanzenhuminsäuren beizubehalten, um ohne Umschreibungen auszukommen. MÜCKE und OBENAUS (1963) führen in diesem Zusammenhang aus, „daß die Humifizierung ein mehrphasischer Vorgang ist, dessen erste Phase unmittelbar nach dem Absterben der pflanzlichen Zelle einsetzt".
Es müßten sich somit Möglichkeiten ergeben, den Weg der Huminsäurebildung unter Verwendung von natürlichen Ausgangsprodukten messend zu verfolgen. Auf Grund unserer IR-spektroskopischen und elektrophoretischen Befunde sowie der festgestellten Löslichkeit in Dimethylformamid bieten sich genügend diesbezügliche Ansatzpunkte. Dabei gilt es, insbesondere die Frage zu klären, ob bei der Umwandlung von Lignin in Huminsäuren das Makromolekül intermediär vollkommen bis zu den phenolischen Monomeren abgebaut wird, oder ob es wenigstens zum Teil in größeren Einheiten in Huminstoffe übergeführt wird. Auf Grund der hier dargelegten Ergebnisse kann dies vermutet werden. Nach unseren Modellversuchen zu urteilen, erfahren einige Pflanzenhuminsäuren im Boden einen partiellen Abbau durch Mikroorganismen. Die übrig bleibenden Huminsäureanteile erweisen sich von größerem N-Gehalt, erhöhter Kationenaustauschkapazität, optischer Dichte usw.; es erfolgt ein fortschreitender Angleich an die im Boden vorhandenen Huminsäuren. SCHEFFER und Mitarbeiter (1956) fanden in NaOH-

Extrakten aus Holz- und Grünmehl sowie Kleie ebenfalls säurefällbare Anteile mit geringer optischer Dichte. Sie werden von den genannten Autoren als Quelle von Verunreinigungen für Bodenhuminsäuren angesprochen. Wir fanden, daß diese Fraktion bereits Huminsäurecharakter besitzt und besser als Pflanzenhuminsäure bezeichnet wird. Ihre anfangs geringe optische Dichte gestattet die anteilmäßige Abschätzung, wenn man dazu übergeht, parallel zur Extinktion den C-Gehalt der NaOH-Extrakte zu ermitteln. In einem anderen Zusammenhang konnten wir eine enge Beziehung zwischen mittlerem C-Gehalt des Bodens und optischer Dichte des NaOH-Extraktes unter verschiedenen Pflanzenbeständen während der Vegetationsperiode feststellen (KLEINHEMPEL und KNAPPE, 1966). Daraus ist zu schließen, daß sich das standorttypische Huminstoffgleichgewicht bei Zufuhr von organischer Substanz relativ schnell einstellt. Pflanzenhuminstoffe dürften demnach im Boden nur kurze Zeit und in mengenmäßig unbedeutendem Maße nachzuweisen sein. Hinsichtlich der mikrobiellen Angreifbarkeit im nichtisolierten Zustand ergaben sich große Unterschiede. So wurde die Fichtennadelhuminsäure nicht, die Strohhuminsäure dagegen zu 70% und ziemlich rasch durch die zugegebene Mikroflora abgebaut, wie aus entsprechenden Ausbeuteverminderungen während der Rotte zu schließen ist. Demzufolge dürften neben den Umwandlungsprodukten des Lignins noch diejenigen weiterer pflanzenspezifischer Fraktionen als Ausgangssubstanzen und mit unterschiedlicher mikrobiologischer Resistenz in Frage kommen. Nach FLAIG (1960) handelt es sich dabei um Gerbstoffe, Phenolkarbonsäuren, phenolische Glykoside, Phenole, Polyphenole usw. Bei der Verrottung von pflanzlichem Material können diese Verbindungen mikrobiologisch zum Teil verwertet werden. Bei alkalischer Extraktion werden sie jedoch gelöst und können sich unter Autoxydation polymerisieren, sie sind dann wesentlich weniger mikrobiell angreifbar, wie nachgewiesen wurde.

Bekanntlich wird Stroh im Boden verhältnismäßig rasch mineralisiert, in bestimmten Böden so rasch, daß ihm einige Autoren (SPRINGER, 1957; SPRINGER, 1960; RÜBENSAM und RAUHE, 1964) nur geringe Bedeutung für die Aufrechterhaltung des Huminstoffspiegels beimessen. In unserem Modellversuch war das feingemahlene Roggenstroh nach 56 Tagen zu 50% mineralisiert. Mit einer NaOH-Behandlung kann man 66% in Lösung bringen und aus dem Extrakt 35% der Ausgangsmasse durch Säurefällung wiedergewinnen. Man erhält eine Substanz, die gegen Mikroorganismen stabilisiert ist und die eine Kationenumtauschkapazität von 216 mval pro 100 g aufweist. Aus diesen Befunden ergeben sich weitere und für die Praxis der organischen Düngung bedeutsame Untersuchungen, über die demnächst berichtet werden wird.

Zusammenfassung

Verschiedene Pflanzenmaterialien und Stalldung wurden präparativ den üblichen Huminstoffextraktionsverfahren unterworfen. Es zeigte sich, daß bereits in diesen Stoffen NaOH-lösliche und säurefällbare Fraktionen enthalten sind, die nur graduelle Unterschiede im Vergleich zu Bodenhuminsäuren im Hinblick auf die folgenden Kriterien erkennen ließen: Asche- bzw. Eisengehalt, N-Gehalt, Kationenaustauschkapazität, Bromierbarkeit, optische Dichte, IR-Absorption und elektrophoretisches Verhalten. Die mikrobiologische Resistenz war zum Teil im isolierten Zustand bemerkenswert hoch, ebenso war die Fähigkeit zur komplexen

Bindung von Eisenionen überall vorhanden. Es wird deshalb vorgeschlagen, dieser als Übergang zu den bodeneigenen Huminstoffen anzusehenden Fraktion die Bezeichnung „Pflanzenhuminsäuren" zu belassen. Der auffallendste Unterschied im Vergleich zu Bodenhuminsäuren besteht in ihrer geringen optischen Dichte.

Резюме

Наименование работы: О растительных гуминовых кислотах

Различныерастительные материалы и навоз были подвержены обычным методам экстрагирования гуминовых веществ. Было установлено, что уже в этих веществах содержатся фракции, растворимые в NaOH и осаждаемые кислотой, которые от гуминовых кислот почвы отличаются только в количественном отношении по следующим критериям: содержание золы или железа, содержание N, емкость поглощения катионов, бромируемость, оптическая плотность, инфракрасная абсорбция и электрофоретическое поведение. В изолированном состоянии устойчивость к микробиологическому разложению в некоторых случаях была высокой, способность комплексно связывать ионы железа тоже всегда имелась. Поэтому предлагается за этой фракцией, которую можно рассматривать, как переходную к почвенным гуминовым веществам, оставить название „растительные гуминовые кислоты" („Pflanzenhuminsäuren"). Наиболее заметное различие по сравнению с гуминовыми кислотами почв состоит в низкой оптической плотности этих растительных гуминовых кислот.

Summary

Title of the paper: Plant humic acids

In the form of preparations, various types of plant material as well as farmyard manure were subjected to the usual procedures of humic substance extraction. It appeared that already these materials contain NaOH-soluble and acid-precipitable fractions which — when compared with the humic acids of the soil — revealed only gradual differences with regard to the following criteria: ash or iron content; N-content; cation exchange capacity; bromination; optical density; IR-absorption; and electrophoretic behaviour. In some cases microbiological resistance was remarkably high in the state of isolation, the ability for complex binding of iron ions was present in all cases. It is, therefore, suggested to adhere to the term „plant humic acids" (Pflanzenhuminsäuren) in connection with this fraction which is considered as a transitional stage to soil-own humic substances. When compared with the soil humic acids, the most remarkable difference is to be found in its low optical density.

Literatur

Achard, F. K.: Chem. Ann. 2 (1786), S. 381—403

Berzelius, J. J.: Lehrbuch der Chemie. Dresden, 1839

Collins, S. H.: Determination of carbonate. J. Sci. Chem. Ind. 25 (1906), S. 518—522; zit. nach Cornfield (1961)

Cornfield, A. H.: A simple technique for determining mineralization of carbon during incubation of soils treated with organic materials. Plant and Soil 14 (1961), S. 90—93

Davies, R. I.; Coulson, C. B.: Humic acid. Soil & Fertilizer 22 (1959), S. 159

Dubach, P.; Metha, N. C.: The chemistry of soil humic substances. Soils and Fertilizers 26 (1963), S. 293—300

Feustel, I. C.; Byers H. G.: Soil Sci. 42 (1936), S. 11; zit. nach Scheffer und Ulrich (1960)

Flaig, W.: Chemie der Humusstoffe. Suomen Kemistilehti 12 (1960), S. 229—251

Jackson, M. L.: Soil chemical analysis. Constable & Co. LTD. London, 1958

Kleinhempel, D.: Ein Beitrag zur Frage der Fraktion des organisch gebundenen Eisens im Boden. Thaer-Arch. 10 (1966), S. 555—568

KLEINHEMPEL, D.; HIEKE, W.: Zur Sorption und Umsetzung von Hydrierwasserphenolen in verschiedenen Böden. Thaer-Arch. 7 (1963), S. 423–427

KLEINHEMPEL, D.; HIEKE, W.: Zur Trennung von Huminsäuren durch Geldiffusion. Thaer-Arch. 9 (1965), S. 165–172

KLEINHEMPEL, D.; KNAPPE, S.: Über die Humusdynamik unter wachsenden Pflanzenbeständen. Thaer-Arch. 10 (1966), S. 793–801

KONONOVA, M. M.; TITOVA, N. A.: Die Anwendung der Papierelektrophorese auf die Fraktionierung von Humusstoffen des Bodens und die Untersuchung ihrer Eisenkomplexverbindungen. Počvovedenie 1961, Nr. 11, S. 81–89 (russ.)

MEISSNER, B.: Über die bromometrische Bestimmung der Phenole. Chem. Techn. 5 (1953), S. 381–383

MÜCKE, D.; OBENAUS, R.: Neuere Untersuchungen zur Chemie und Biologie der Huminsäuren. Wiss. Z. Univ. Rostock, math.-naturwiss. R., 12 (1963), S. 731–741

MÜLLER, G.; KLEINHEMPEL, D.: Über biologisch gesteuerte Abbauvorgänge im Boden. II. Mitteilung. Zbl. Bakteriol. II. 117 (1963), S. 245–254

RÜBENSAM, E.; RAUHE, K.: Ackerbau. Berlin, VEB Dt. Landwirtsch.-Verl., 1964

SANDHOFF, H.: Konduktometrische Bestimmung des T-Wertes von Böden und Bodenbestandteilen, Z. Pflanzenernähr. Düng., Bodenkd. 67 (1954), S. 24–38

SCHEFFER, F.; MEYER, B.; NIEDERBUDDE, E. A.: Huminstoffbildung unter katalytischer Einwirkung natürlich vorkommender Eisenverbindungen im Modellversuch. Z. Pflanzenernähr., Düng., Bodenkd. 87 (1959), S. 26–44

SCHEFFER, F.; ULRICH, B.: Lehrbuch der Agrikulturchemie und Bodenkunde. III. Teil: Humus und Humusdüngung. Bd. 1, Stuttgart, Ferdinand Enke Verl., 1960

SCHEFFER, F.; ULRICH, B.; MEYER, B.; OEHMICHEN, J.: Natronlauge-Extraktion von Modellsubstanzen und Waldhumusformen. Ein Beitrag zur Frage der Huminsäureextraktion. Z. Pflanzenernähr. Düng., Bodenkd. 74 (1956), S. 157–161

SPRINGER, U.: Der Humuszustand der Böden, seine Beeinflussung durch die verschiedenen Formen der organischen Düngung und Fruchtfolge. Prakt. Bl. f. Pflanzenbau u. Pflanzenschutz 1957, H. 3, S. 102–113

SPRINGER, U.: Die Wirkung verschiedener organischer Dünger auf den Humuszustand des Bodens. Bayer. Landwirtsch. Jb. 37 (1960), H. 1, S. 3–39

SPRINGER, U.; KLEE, J.: Feststellung der optimalen Reaktionsverhältnisse beim reduktometrischen Chromschwefelsäureverfahren zur Schnellbestimmung von C und Vorschlag einer verbesserten Arbeitsweise. Z. Pflanzenernähr., Düng., Bodenkd. 71 (1955), S. 193 bis 208

STEELINK, C.: What is humic acid? J. Chem. 40 Ed. (1963), S. 379–384

SWABY, R. J.: CSIRO, Division of Soils, Adelaide, Australia, Privatmitteilung; zit. nach STEELINK (1963)

THUN, R., HERRMANN, R.; KNICKMANN, E.: Die Untersuchung der Böden. Methodenbuch. Bd. 1, Radebeul und Berlin, Neumann-Verl., 1955

TITOVA, N. A.: Eisen-Humuskomplexe verschiedener Böden. Počvovedenie 12 (1962), S. 38–43

ZIECHMANN, W.; KICKUTH, R.: Kolloid-Z. 174 (1961), S. 38–44

ZIECHMANN, W.; PAWELKE, G.: Zum Vergleich natürlicher und synthetischer Huminsäuren und ihrer Vorstufen. Z. Pflanzenernähr. Düng., Bodenkd. 84 (1959), S. 174–184

Anschrift des Verfassers
Dr. DIETER KLEINHEMPEL
Institut für Bodenkunde und Mikrobiologie
der Karl-Marx-Universität Leipzig
703 Leipzig, Fichtestraße 28

Aus dem Institut für Acker- und Pflanzenbau Müncheberg
der Deutschen Akademie der Landwirtschaftswissenschaften zu Berlin

JOHANNES BIRKE

Einfluß von Beregnung, Sandbodenmelioration, unterschiedlicher N-Düngung und einer Kleegrasvorfrucht auf das Längenwachstum von Silomais

Eingegangen: 11. 3. 1966

1. Problemstellung

Als einfachstes Kriterium zum Studium des Einflusses verschiedener agrotechnischer Maßnahmen auf den Wuchs einstengliger Pflanzen bietet sich die Längenmessung im Verlauf der Pflanzenentwicklung an. Visuelle Beobachtungen am Silomais des Höchstertragsversuches im Jahre 1961 ergaben ganz spezifische Einwirkungen der einzelnen Maßnahmen auf das Längenwachstum, so daß ab 1962 ständig Längenmessungen in dem Maisbestand durchgeführt wurden. Derartige Messungen machen es möglich, den Einfluß verschiedener Maßnahmen auf die Ertragsbildung bereits im Verlaufe des Wachstums ohne Probenahme zu charakterisieren.

Tabelle 1

Witterungsverlauf in der Vegetationsperiode (Müncheberg)

	Mai	Juni	Juli	August	September
	Langjähriges Mittel (1901–1950)				
Temp. °C	13,1	16,2	18,2	17,0	13,6
Niederschläge mm	46	59	69	60	42
	1962				
Temp. °C	10,3	14,8	15,4	15,8	12,1
Niederschläge mm	46,3	29,9	41,7	87,9	57,7
rel. Luftfeuchte %	77	65	77	77	80
	1963				
Temp. °C	13,4	17,4	19,2	17,4	14,0
Niederschläge mm	70,1	43,4	23,3	60,0	42,7
rel. Luftfeuchte %	70	64	61	73	80
	1964				
Temp. °C	13,6	18,5	19,0	16,0	13,5
Niederschläge mm	37,3	28,1	24,4	91,2	46,2
rel. Luftfeuchte %	68	63	62	77	76
	1965				
Temp. °C	11,4	16,8	15,5	15,5	13,8
Niederschläge mm	87,9	42,4	105,8	13,4	69,4
rel. Luftfeuchte %	73	68	76	75	78

2. Versuchsgrundlagen

Die Längenmessungen erfolgten von 1962 bis 1965 an Silomais des Höchstertragsversuches der Abteilung Pflanzenbau in Müncheberg. Der Versuch liegt auf dem Standort Sl 4 D. Der Witterungsverlauf in der Vegetationsperiode wird durch die in Tabelle 1 enthaltenen Daten gekennzeichnet.

Im Jahre 1962 war es sehr kühl, die Temperaturen lagen in der gesamten Untersuchungsperiode wesentlich unter dem langjährigen Mittel. Im Juni und Juli fielen zu geringe Niederschläge.

Im Jahre 1963 wurden sehr hohe Lufttemperaturen und sehr niedrige Luftfeuchtigkeitswerte gemessen; im Juni und Juli fielen gegenüber dem langjährigen Mittel zu geringe Niederschläge.

Das Jahr 1964 war ebenfalls sehr trocken und warm, wobei die entsprechenden Frühsommerwerte noch extremer lagen als im Vorjahr.

Im Jahre 1965 lagen mit Ausnahme des Juni und September die Monatsmitteltemperaturen wesentlich unter den langjährigen Mittelwerten, während andererseits die Niederschlagssummen der Monate Mai, Juli und September weit die Mittelwerte übertreffen. Insgesamt war es ein sehr kühles und feuchtes Jahr.

Die Längenmessungen wurden an folgenden Varianten vorgenommen:

		unberegnet	beregnet
normal	80 kg/ha N	1	9
gepflügt	160 kg/ha N	3	11
meliorativ	80 kg/ha N	5	13
gepflügt	160 kg/ha N	7	15

Das meliorative Pflügen erfolgte 1959 einmalig auf eine Tiefe von 57 cm unter Einbringung von 600 dt/ha Stalldung, 2 dt/ha Thomasphosphat und 3 dt/ha 40%igem KCl. Die jährliche Grunddüngung betrug 1962 bis 1964 200 dt/ha Stalldung, 280 kg/ha K_2O und 32 kg/ha P_2O_5; 1965 48 kg/ha P_2O_5 und 160 kg/ha K_2O auf der normal gedüngten Variante und auf der stark gedüngten 80 kg/ha P_2O_5, 240 kg/ha K_2O bei jeweils 200 dt/ha Stalldung. Dei Beregnungshöhe betrug 1962 60 mm; 1963 220 mm; 1964 180 mm und 1965 60 mm. Die Steuerung erfolgte mittels Tensiometers. Zum Anbau gelangte die Hybride „Siloma“.

Als Vorfrucht diente ein einjähriges Kleegrasgemisch (16 kg/ha Rotklee, 3 kg/ha Schwedenklee und 6 kg/ha Welsch. Weidelgras), das ebenfalls in der gleichen Versuchsanlage geprüft wurde. Durch die einzelnen Maßnahmen wurden Ertrag und botanische Zusammensetzung des Kleegrasgemisches wesentlich beeinflußt.

Tabelle 2

Silomaistrockenmasseerträge in dt/ha

Jahr	Varianten 1	3	5	7	9	11	13	15
1962	122	126	124	117	128	122	118	112
1963	69	62	75	73	139	136	144	143
1964	62	79	77	78	142	148	146	138
1965	128	122	129	143	117	134	148	154

Zum Mittelwertvergleich für die einzelnen Maßnahmen der Jahre 1962 bis 1964 (Tab. 3) wurden z. T. sämtliche 16 Varianten des Versuchs herangezogen (Beregnung, Tiefenbearbeitung).

Tabelle 3
Mittelwertvergleich der Jahre 1962–1964 (dt/ha)

Beregnung	Düngung	Tiefenbearbeitung
	1962	
ohne 119,37	N_{80} 122,75	ohne 122,43
mit 120,00⁻	N_{160} 119,37⁻	mit 116,93⁻
	1963	
ohne 71,58	N_{80} 106,41	ohne 102,10
mit 142,87⁺⁺	N_{160} 103,40⁻	mit 112,35⁻
	1964	
ohne 76,21	N_{80} 107,01	ohne 105,32
mit 141,38⁺⁺⁺	N_{160} 110,69⁻	mit 112,26⁻

Während 1962 der Maisertrag in einem sehr engen Bereich lag und die angewandten Maßnahmen auf den untersuchten Varianten in der Tendenz überwiegend negativ auf den Ertrag wirkten, wurden 1963 infolge der extremen Trockenheit große signifikante Unterschiede der Erträge durch die Beregnung bewirkt (Tab. 2).
Die durch die Beregnung erzielten sehr hohen Erträge waren nahezu doppelt so hoch wie auf der Variante ohne Beregnung. Die Tiefenbearbeitung wirkte in der Tendenz positiv, die hohe N-Düngung negativ. Im Jahre 1964 zeigte sich eine ähnlich starke signifikante Wirkung der Beregnung auf die Erträge, während die Tiefenbearbeitung und die hohe N-Düngung keinen Einfluß hatten. Im Jahre 1965 wurde tendenzmäßig eine überwiegend positive Wirkung sämtlicher Maßnahmen festgestellt. Die Signifikanz dieser Einflüsse kann nicht eingeschätzt werden, da die entsprechenden Verrechnungen noch nicht vorliegen.

3. Methodik

In den zu untersuchenden Varianten wurden in jeder der zwei Wiederholungsparzellen 10 mittlere Pflanzen in einer Reihe mit Etiketten gekennzeichnet und ein Pflock zum Aufsetzen der Meßlatte eingeschlagen. Die Messung erfolgte einmal wöchentlich während der gesamten Vegetationszeit des Silomaises. Die Werte wurden für die Wiederholungen und die Varianten gemittelt und der Wuchsverlauf des Maises auf den einzelnen Varianten graphisch dargestellt.

4. Ergebnisse

4. 1. 1962

Schon von Beginn der Messungen ab Ende Juni waren große Längenunterschiede zwischen den einzelnen Varianten festzustellen, die in ihrem Verhältnis fast während des gesamten weiteren Wachstums erhalten blieben. Die größten Unterschiede traten dabei vom 20. Juli bis zum 10. August (Blüte) auf, danach wurden die Unterschiede mit Annäherung an den Erntetermin geringer. Während der Unterschied zwischen den beiden Extremvarianten am 27. 7. 48 cm bei einer Gesamthöhe von 102 bis 150 cm betrug, waren am 7. 9. nur noch 20 cm bei einer Gesamthöhe von 209 bis 229 cm festzustellen.
Am längsten waren die Pflanzen während des gesamten Wachstumsverlaufs auf Variante 1, am kürzesten auf der Variante mit der komplexen Anwendung sämtlicher Maßnahmen (Var. 15.). Die tief bearbeiteten Varianten wiesen während der

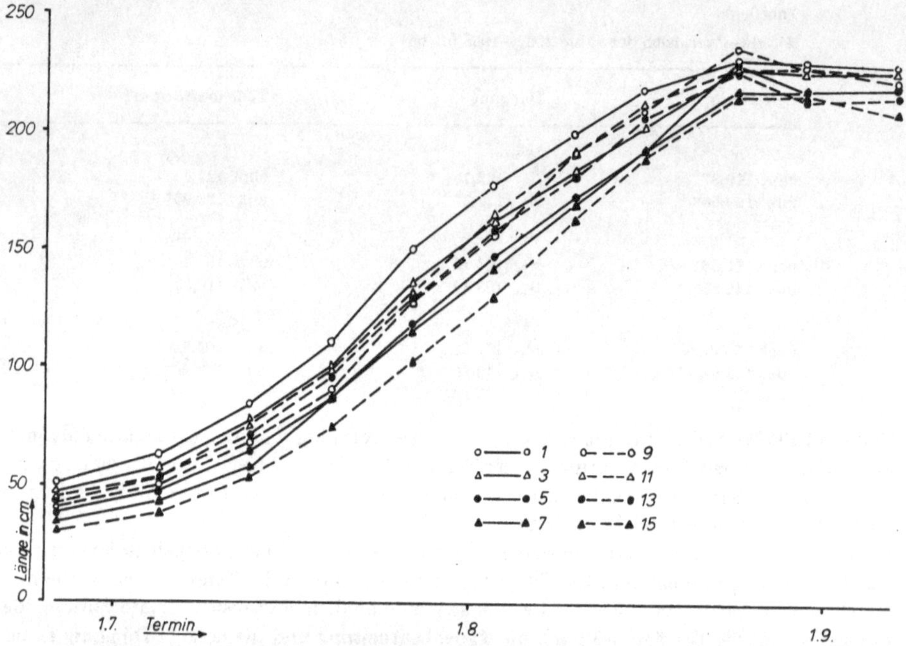

Abb. 1: Längenmessung Mais 1962, Höchstertragsversuch

gesamten Entwicklung geringere Längenwerte als die entsprechenden normal bearbeiteten auf. Sie holten aber letztere ab Mitte August in ihrem Wachstum z. T wieder ein. Auf den beregneten Varianten waren die Pflanzenlängen in der Zeit von der ersten Messung bis Ende Juli ebenfalls verringert, danach ließen sich keine eindeutigen Tendenzen mehr feststellen. Die hohe N-Düngung bewirkte während fast der gesamten Meßperiode vom 26. 6. bis 24. 8. bei fast allen Vergleichen eine geringere Pflanzenlänge, wenn auch nicht so große Unterschiede auftraten wie bei der Sandbodenmelioration.

Insgesamt zeigten demnach sämtliche geprüften agrotechnischen Maßnahmen eine mehr oder weniger stark ausgeprägte negative Wirkung auf das Längenwachstum der Pflanzen, die bis Ende Juli, Anfang August beobachtet werden konnten, als die größten Variantenunterschiede festgestellt wurden. Danach war der Längenzuwachs auf den Varianten mit den kürzeren Pflanzen stärker, was insgesamt in einer Verringerung der Variantenunterschiede zum Ausdruck kommt.

4. 2. 1963

Im Jahre 1963 wurde das Wachstum des Maises sehr stark durch die extreme Trokkenheit beeinflußt. Die unberegneten Varianten stellten ab Anfang Juli das Längenwachstum ein und erreichten nur Längenwerte von 160—180 cm, während die beregneten Varianten bis Ende Juli weiterwuchsen und eine Gesamthöhe von 230 bis 245 cm erreichten. Vor diesen durch die Trockenheit hervorgerufenen Unterschieden war von Beginn der Messungen an auf den beregneten Varianten

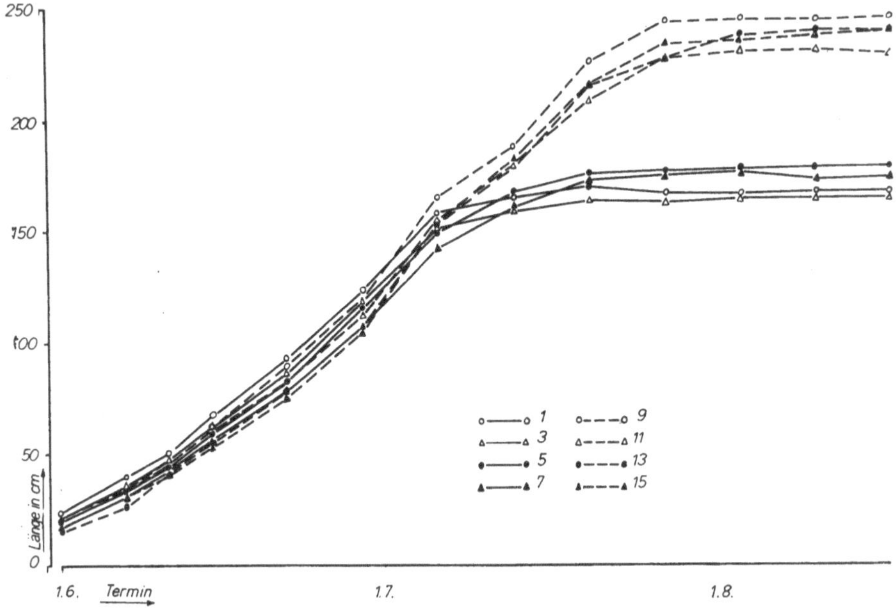

Abb. 2: Längenmessung Mais 1963, Höchstertragsversuch

eine geringere Pflanzenlänge gegenüber den unberegneten festzustellen. Die Unterschiede lagen dabei im Bereich von 2 bis 10 cm. Die Tiefenbearbeitung bewirkte ebenfalls bei allen Vergleichen von Beginn der Messungen bis Anfang Juli eine geringere Pflanzenlänge. Die Unterschiede betrugen Ende Juni etwa 8 bis 12 cm. Während der Trockenperiode wurde ohne Beregnung eine größere Pflanzenlänge von etwa 10 cm auf den tief bearbeiteten Varianten ermittelt, während mit Beregnung keine Wirkung dieser Maßnahme mehr festzustellen war. Die hohe N-Düngung bewirkte während der gesamten Pflanzenentwicklung bei allen Vergleichen mit einigen wenigen Ausnahmen ebenfalls eine geringere Pflanzenlänge. Die Unterschiede lagen etwa im gleichen Wertebereich wie bei den anderen Maßnahmen. Insgesamt war bis zum Einsetzen der Trockenheit Anfang Juli eine negative Wirkung sämtlicher Maßnahmen auf das Längenwachstums des Maises festzustellen, die sich bei der hohen N-Düngung bis zur Ernte fortsetzte. Die Trockenheit bewirkte auf den unberegneten Varianten eine starke Wachstumshemmung, wobei durch die Tiefenbearbeitung eine positive Wirkung festzustellen war.

4. 3. 1964

Es herrschte sehr trockenes Wetter. Bereits ab 19. 6. war ohne Beregnung ein vermindertes Wachstum festzustellen, während sich zuvor keine eindeutigen Abhängigkeiten der Pflanzenlänge von der Beregnung zeigten. Auf den unberegneten Varianten wurde das Längenwachstum Anfang bis Mitte Juli bei einer Höhe von 130 bis 160 cm eingestellt. Die beregneten Varianten wuchsen bis Ende Juli

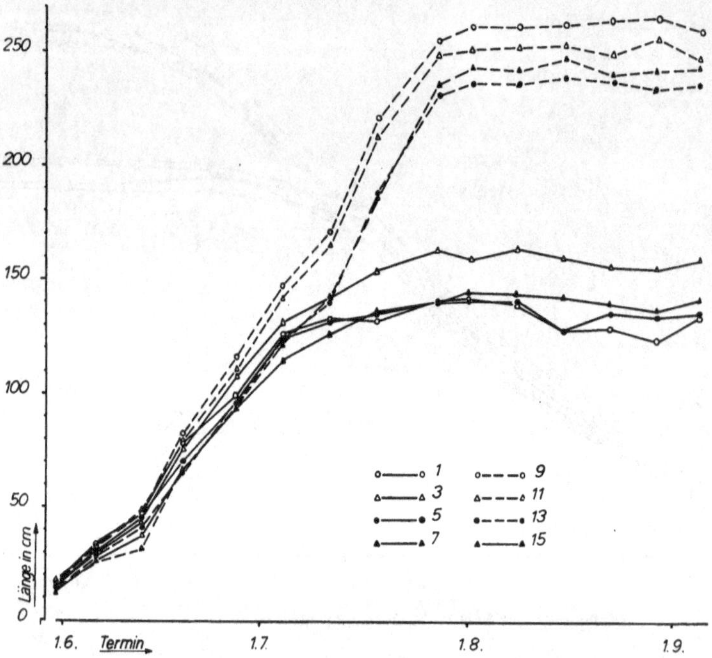

Abb. 3: Längenmessung Mais 1964, Höchstertragsversuch

weiter und erreichten eine Höhe von 235 bis 260 cm. Die Tiefenbearbeitung verringerte die Pflanzenlänge ab Ende Mai. Diese negative Wirkung ist sehr deutlich bis zur Ernte auf den beregneten Varianten und auf den unberegneten stark gedüngten Varianten festzustellen. Die hohe N-Düngung wirkte in der Tendenz von Beginn der Messungen bis Ende Juni negativ auf die Pflanzenlänge. Bei den ausgewachsenen Pflanzen zeigte sich bei den unberegneten Varianten bei hoher N-Düngung eine größere Pflanzenlänge, besonders bei normaler Bearbeitung. Mit Beregnung wirkte die hohe N-Düngung nur bei gleichzeitiger Tiefenbearbeitung positiv, während sie ohne Beregnung einen negativen Einfluß zeigte.

Insgesamt ist die überragende Rolle der Beregnung für ein ungestörtes Wachstum des Maises unter Trockenbedingungen festzustellen. Die Tiefenbearbeitung führte auf fast allen Varianten im Verlaufe der gesamten Entwicklung zu einer geringeren Pflanzenlänge. Die hohe N-Düngung wirkte zu Beginn der Entwicklung ebenfalls negativ, während sie danach eine überwiegend positive Wirkung aufwies.

4. 4. 1965

Das Jahr 1965 war sehr kühl und feucht; deshalb wurde das Wachstum des Maises sehr verzögert. Er beendete sein Längenwachstum erst in der zweiten Augusthälfte und wurde Anfang Oktober siloreif. Größere Einflüsse durch die agrotechnischen Maßnahmen traten nicht auf (Tab. 4).

Tabelle 4

Längenwachstum des Maises im Jahre 1965 (Angaben in cm)

Datum:	5. 6.	12. 6.	19. 6.	25. 6.	3. 7.	10. 7.	17. 7.	24. 7.	31. 7.	7. 8.	14. 8.	21. 8.
Länge:	11 bis 13	17 bis 22	26 bis 34	42 bis 54	68 bis 84	81 bis 98	107 bis 126	159 bis 166	172 bis 186	193 bis 208	203 bis 230	219 bis 248

Vom 5. bis 19. 6. konnte ein eindeutig negativer Einfluß durch die Tiefenbearbeitung festgestellt werden. Bei Beendigung des Längenwachstums waren jedoch ebenso wie bei Beregnung (21. und 28. 8.) größere Pflanzenlängen zu ermitteln. Vorher übten beide Maßnahmen mit der genannten Ausnahme keinen Einfluß auf das Längenwachstum aus. Die starke N-Düngung beeinflußte das Längenwachstum nicht. Die größte Pflanzenlänge wurde mit 248 cm bei der komplexen Anwendung sämtlicher Maßnahmen (Variante 15) erreicht, gefolgt von der unberegneten, tief bearbeiteten, stark N-gedüngten Variante (7) mit 236 cm. Die anderen Varianten lagen in einem engen Wertebereich.

Insgesamt ist nur eine geringe Beeinflussung durch die agrotechnischen Maßnahmen festzustellen.

5. Diskussion

Die Untersuchung des Längenwachstums des Maises in Abhängigkeit von verschiedenen agrotechnischen Maßnahmen zeigt, daß in trockenen Jahren (1963 und 1964) ein starker positiver Einfluß durch die Beregnung hervorgerufen wird, die unter extremen Trockenbedingungen allein in der Lage war, ein normales Längenwachstum zu gewährleisten. Ohne Beregnung wurde dies schon sehr frühzeitig eingestellt, und die Pflanzen begannen von unten herauf abzusterben. In den kühlen und feuchten Jahren mit z. T. nur relativ kurzen Trockenperioden war kein derartig positiver Einfluß der Beregnung festzustellen. Der Mais ist demnach bis zu einem gewissen Maße trockenresistent, in langanhaltenden Trockenperioden auf leichtem Standort jedoch nicht in der Lage, seine Wasserversorgung zu sichern. Ferner zeigt sich, daß Wachstum und Entwicklung bei kühler Witterung stark verzögert werden und die Endlänge der Pflanzen geringer ist als bei warmer Witterung und genügender Wasserversorgung.

Dieser unterschiedliche Einfluß der Beregnung auf das Längenwachstum in Abhängigkeit von der Jahreswitterung spiegelt sich deutlich in den Erträgen wider. Während in den beiden Trockenjahren eine sehr starke Ertragssteigerung durch diese Maßnahme erzielt wurde, war in den beiden anderen Jahren kein bzw. nur ein geringer Einfluß festzustellen.

In den Jahren 1962 und 1963 wirkten zu Beginn der Entwicklung sämtliche geprüften agrotechnischen Maßnahmen, 1964 nur die Tiefenbearbeitung und die hohe N-Düngung und 1965 nur die Tiefenbearbeitung hemmend auf das Längenwachstum des Maises. Diese negative Wirkung nahm von Jahr zu Jahr ab, wobei die stärkste Wirkung durch die Tiefenbearbeitung hervorgerufen wurde. In der zweiten Hälfte der Vegetationsperiode wurde diese negative Wirkung überwiegend durch ein verstärktes Wachstum auf den negativ beeinflußten Varianten abgelöst, wobei allerdings nicht in jedem Falle die Endlänge der Vergleichspflanzen eingeholt bzw. überschritten werden konnte.

Die Ursache für die Verzögerung des Längenwachstums durch die einzelnen Maßnahmen scheint unterschiedlicher Art zu sein. Die Wachstumshemmung durch die Sandbodenmelioration dürfte zum großen Teil auf den Umstand zurückzuführen sein, daß infolge des angewendeten Pfluges eine starke „Verdünnung" der Ackerkrume durch den Unterboden hervorgerufen wurde. Nach Erreichen der tief eingebrachten Mistschichten wird das Wachstum verbessert. Dies zeigen auch Untersuchungen des N-Gehaltes in den Maisblättern[1], der auf den tief bearbeiteten Varianten zu Beginn der Entwicklung niedriger, in der generativen Phase jedoch bedeutend höher lag als auf den entsprechenden normal bearbeiteten Varianten. Der sich von Jahr zu Jahr verringernde negative Einfluß auf das anfängliche Längenwachstum dürfte durch die Wiederanreicherung der verdünnten Ackerkrume durch Humus und Nährstoffe zu erklären sein. Im Jahre 1962 kam außerdem noch ein negativer Einfluß der Kleegrasvorfrucht hinzu, die 1961 auf die Tiefenbearbeitung mit einer Verringerung des Kleeanteils reagiert hatte und somit einen höheren Grasanteil bewirkte; dadurch wurden dem Boden in starkem Maße Nährstoffe entzogen und außerdem größere Graswurzelmassen mit einem weiten C:N-Verhältnis im Boden hinterlassen, die bei ihrem Abbau zu einer vorübergehenden N-Festlegung führen. Diese negative Beeinflussung des Längenwachstums in der Anfangsentwicklung egalisierte in den untersuchten Jahren sehr stark die positive Wirkung der Sandbodenmelioration, so daß sie keine wesentlichen Ertragsbeeinflussungen hervorrief. In der Tendenz zeigte sich 1962, im Jahr der stärksten Wachstumshemmung, ein negativer Einfluß auf den Ertrag.

Die negative Wirkung der hohen N-Düngung auf das Längenwachstum dürfte vor allem durch die Kleegrasvorfrucht hervorgerufen worden sein, die auf diese Maßnahme durch einen starken Rückgang des Kleeanteils reagierte (Tab. 5).

Die im Boden verbleibenden großen Graswurzelmengen fixierten beim Abbau stark den zu Mais verabreichten Stickstoff. Blattanalysen ergaben, daß die hohe Stickstoffdüngung zu keinen höheren N-Werten führte[1]. Aus diesem Grunde wurde fast keine Wirkung der N-Steigerung auf den Maisertrag festgestellt. In den ersten

Tabelle 5

Kleeanteil in %

Jahr	Varianten							
	1	3	5	7	9	11	13	15
1961	68	39	59	29	66	37	65	26
1962	56	23	58	35	78	53	78	52
1963	74	49	64	46	90	79	87	79
1964	26	3	21	7	54	28	55	21

[1] BIRKE, J.: Zeitreihenuntersuchungen über den Einfluß verschiedener agrotechnischer Maßnahmen auf den Nährstoffgehalt von Zuckerrüben- und Maisblättern. Thaer-Arch. 10 (1966), S. 239–258

beiden Untersuchungsjahren mit einer starken Wachstumshemmung wurde der Ertrag auf den untersuchten stark N-gedüngten Varianten in der Tendenz sogar gesenkt.
Die anfänglich negative Wirkung der Beregnung 1962 und 1963 kann ebenfalls auf den Einfluß der Kleegrasvorfrucht zurückgeführt werden, deren Erträge durch die Beregnung stark erhöht (Tab. 6) und die zur Bildung größerer Wurzelmassen angeregt worden war, wobei der Kleeanteil 1961 nicht beeinflußt, 1962 erhöht wurde.

Tabelle 6

Einfluß der Beregnung auf den Trockenmasseertrag von Kleegras in dt/ha (Mittelwertvergleich)

	1961	1962	1963	1964
ohne	119,75	76,14	24,80	52,14
mit	138,56+	118,86++	71,33+++	95,40++

Insgesamt zeigt sich, daß die relativ einfache Längenmessung an Mais einen Einblick in das Geschehen der Ertragsbildung geben kann und bei gleichzeitiger Analyse anderer physiologischer Prozesse wesentliche Hilfe zur Aufklärung des konkreten Wirkungsmechanismus einzelner agrotechnischer Maßnahmen auf den Ertrag dieser Kulturpflanzen zu leisten vermag.

Zusammenfassung

Wöchentliche Längenmessungen an Silomais, die von 1962 bis 1965 durchgeführt wurden, um den Einfluß von Beregnung, Sandbodenmelioration, unterschiedlich hoher N-Düngung und einer Kleegrasvorfrucht auf die Ertragsbildung des Maises auf Sandboden festzustellen, ergaben:
1. In extrem trockenen Jahren (1963 und 1964) gewährleistete nur die Beregnung ein ungestörtes Längenwachstum; ohne Beregnung wurde es frühzeitig eingestellt.
2. Zu Beginn der Entwicklung zeigte sich ein negativer Einfluß der angewandten agrotechnischen Maßnahmen auf das Längenwachstum, wobei die Wirkung der Sandbodenmelioration am stärksten ausgeprägt war. Diese Wirkung wurde von Jahr zu Jahr geringer und war 1965 nur noch bei Sandbodenmelioration schwach ausgeprägt. Sie dürfte hier hauptsächlich durch eine „Verdünnung" der Ackerkrume, bei der hohen N-Düngung durch einen hohen Graswurzelanteil und bei der Beregnung durch erhöhte Gesamtwurzelmengen einer gleichbehandelten Kleegrasvorfrucht hervorgerufen worden sein.

Резюме

Наименование работы: Влияние дождевания, мелиорации песчаной почвы, возрастающих доз азотных удобрений и клеверо-злакового предшественника на рост в длину кукурузы на силос
Еженедельные измерения длины растений кукурузы на силос, которые проводились с 1962 по 1965 гг. с целью определения влияния дождевания, мелиорации песчаной почвы, различных норм азотного удобрения и клеверо-злакового предшественника на формирование урожая кукурузы показали:

1. В очень засушливые годы (1963 и 1964) только дождевание обеспечивало нормальный рост в длину; без дождевания рост в длину рано прекращался.
2. В начале развития проявилось отрицательное влияние примененных агротехнических мероприятий на рост в длину, причем наиболее четко выраженным было действие мелиорации песчаной почвы. Это влияние агротехнических мероприятий от года к году ослабевало, и в 1965 году только действие мелиорации было еще слабо выраженым. В варианте с мелиорацией отрицательное действие в основном, вероятно, было вызвано ,,разбавлением" пахотного слоя, в варианте с высокими нормами азота — большим количеством корневых остатков злаковых, а в варианте с дождеванием — увеличенным количеством всех корневых остатков одинаково обработанного клеверо-злакового предшественника.

Summary

Title of the paper: The influence of sprinkling, amelioration of sandy soil, different doses of nitrogen application, and a clover-grass preceding crop on the length growth of maize for ensilage

The following results were obtained from weekly length measurements introduced to maize for ensilage, between 1962 and 1965, to establish the effects of sprinkling, amelioration of sandy soil, different doses of nitrogen application, and the introduction of clover grass as preceding crop on the yield formation of maize grown on sandy soil:
1. In extremely dry years (1963 and 1964), undisturbed length growth was secured by sprinkling only, while without sprinkling it was stopped in an early stage.
2. Length growth, during early development, was negatively affected by the agrotechnical measures taken, with the most significant effect being observed with amelioration of sandy soil. This effect, however, declined from year to year, and in 1965 it was slightly expressed for amelioration of sandy soil only. This effect is thought to be caused mainly by some topsoil „dilution" through amelioration of sandy soil, by an excessive percentage of grass roots for the variant of high nitrogen fertilization or by increased root totals of an equally treated clover-grass preceding crop for the sprinkling variant.

Anschrift des Verfassers

Dr. Johannes Birke
Institut für Acker- und Pflanzenbau Müncheberg
der Deutschen Akademie der Landwirtschaftswissenschaften zu Berlin
1278 Müncheberg, Wilhelm-Pieck-Straße 72

Aus dem Institut für Bodenkunde und Mikrobiologie
der Karl-Marx-Universität Leipzig

Georg Müller und Wolfgang Heisig

Über den Düngewert von Schafwollwaschrückständen

Eingegangen: 2. 4. 1966

Von der Leipziger Wollkämmerei wurde die Bitte an uns herangetragen, zu untersuchen, ob der beim Wollwaschvorgang anfallende und die Transportkapazität der entsprechenden Werke stark belastende Waschschlamm, für den überdies noch Ablagerungsfläche benötigt wird, für Düngungszwecke in der Landwirtschaft genutzt werden kann. In dem genannten Betrieb fallen täglich bis zu 35 t dieses Waschschlammes an.

Hauptbestandteile dieses Waschrückstandes dürften in erster Linie feinste Bodenteilchen (Staubverunreinigung der Wolle) und Wollhaare sein. Nach Veröffentlichungen von Rubins und Mitarbeitern (1960) stellen Wollhaare einen durchaus ernst zu nehmenden langsam pflanzenverfügbar werdenden Stickstoffdünger dar. Die Werte der Tabelle 1 stellen Analysenergebnisse des verwendeten Waschschlammes dar, wobei wir uns darüber im klaren sind, daß diese von einer Vielzahl vor allem technologischer Faktoren beeinflußbar sind und somit einem großen Schwankungsbereich unterliegen. Der Gehalt des Waschschlammes an Pflanzennährstoffen ist mit 0,6% N, 0,02% P_2O_5 und 0,09% K_2O sehr niedrig, so daß für den Transport erhebliche Kosten entstehen.

Tabelle 1

Gehalt an Pflanzennährstoffen im Schafwollwaschschlamm in mg/100 g Substanz

K_2O	Ca	P_2O_5	N	C:N-Verhältnis
91	118	19	630	3:1

Wir führten nun eine Reihe von Gefäß- und Feldversuchen mit verschiedenen Kulturen durch, die zum Ziel hatten, die Ausnutzung der im Waschschlamm enthaltenen Nährstoffe durch die Pflanze zu klären, und deren Ergebnisse im folgenden besprochen werden sollen. Für die Gefäßversuche wurden Mitscherlich-Gefäße benutzt.

1. Gefäßversuch mit gesteigerten Wollwaschschlammgaben

Jede der drei angebauten Kulturen Spinat, Sonnenblumen und Senf erhielt eine Gabe von 15, 30, 45 bzw. 60 g Waschschlamm. Die fünfte als Kontrolle dienende Variante blieb unbehandelt. Der Versuch bestand aus sechs Wiederholungen.

Wie ein Vergleich der Trockensubstanzerträge mit der Kontrolle zeigt (Abb. 1), ist die Wirkung des Waschschlammes auf die einzelnen Kulturen durchaus unterschiedlich. Während sich bei Spinat eine steigende Gabe von Wollwaschschlamm in

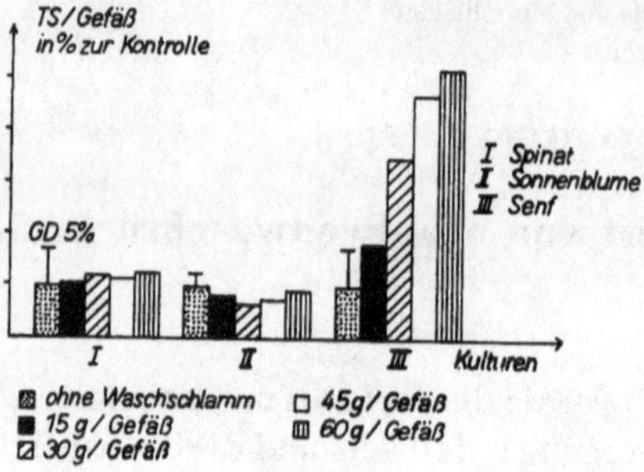

Abb. 1: Trockensubstanzerträge der mit Wollwaschschlamm behandelten Gefäße bei drei Kulturen in Prozent zur Kontrolle

ihrer Tendenz als ertragerhöhend abzeichnet, obwohl die Differenz noch nicht den Schwellenwert, der eine statistische Sicherung erlaubt hätte, überschreitet, bewirkt die gleiche Menge zu Sonnenblumen eine Senkung des Ertrages. Demgegenüber erzielten die gleichen Gaben bei Senf in jedem Falle eine signifikante Erhöhung des Trockensubstanzertrages.

2. Gefäßversuch zur Prüfung der Düngewirkung von verschiedenen Abfallprodukten, organischen Substanzen und zwei Stickstoffdüngern

In diesem Versuch sollte die Düngewirkung des Waschschlammes mit der verschiedener anderer sowohl organischer als auch mineralischer Substanzen verglichen und der unbehandelten Variante gegenübergestellt werden. Es waren dies: Wollstaub, Sägespäne, Torf, Kompost, Ammoniumnitrat und Ureaform.
Von diesen Substanzen wurde, soweit das nicht bekannt war, der Gesamtstickstoffgehalt bestimmt und danach die 1 g Stickstoff entsprechende Menge der jeweiligen Substanz unter den Boden eines jeden Gefäßes gemischt. Daneben erhielt jedes Gefäß 1 g Dikaliumphosphat. Als Versuchspflanze diente Deutsches Weidelgras, von dem im Verlaufe des Versuchs vier Schnitte geernet wurden. Nachdem das Gras am 28. 4. 1964 aufgelaufen war, erfolgte 28 Tage nach diesem Zeitpunkt die

Tabelle 2

Vergleich der Erträge von Weidelgras, das mit unterschiedlichen Substanzen gedüngt war (g Trockensubstanz/Gefäß)

Düngung	$\bar{x}$	rel.	Si.
1. Waschschlamm	2,32	144,06	+
2. Wollstaub	6,44	399,11	+++
3. Sägespäne	0,67	41,90	00
4. Torf	1,74	108,13	–
5. Kompost	1,84	113,97	–
6. NH_4NO_3	7,07	437,84	+++
7. Ureaform	5,76	356,83	+++
8. ohne N	1,61	100,00	(v)

$GD_{5\%}$ = 0,69 g/Gefäß
$GD_{1\%}$ = 0,92 g/Gefäß
$GD_{0,1\%}$ = 1,19 g/Gefäß

erste Ernte, die weiteren immer im Abstand von 28 Tagen. Durch diese Maßnahme wollten wir eine Vergleichbarkeit zwischen den Erträgen der einzelnen Ernten erreichen (KALTOFEN, 1963). Der Versuch hatte vier Wiederholungen.
Es zeigte sich, daß eine Erhöhung der Erträge bei Weidelgras nur durch die Substanzen Ammoniumnitrat, Wollstaub, Ureaform und Wollwaschschlamm erreicht wurde, während bei den übrigen Substanzen dieser Effekt nicht auftrat (Tab. 2). Bei einer Gabe von Sägespänen blieb der Ertrag auf Grund der Stickstoffestlegung (SCHEFFER und Mitarb., 1960) sogar mit 60% unter dem der Kontrolle. Es kann festgestellt werden, daß durch eine Waschschlammgabe der Trockensubstanzertrag von Weidelgras zwar erhöht werden konnte, die dadurch erreichte Ertragssteigerung sich aber bei weitem nicht in der Größenordnung bewegt, wie wir es von unseren Stickstoffdüngemitteln gewöhnt sind.

3. Feldversuche mit Wollwaschschlamm

Bei den Feldversuchen brachten wir den Waschschlamm einmal auf Dauergrünland und zum anderen auf Ackerland aus und prüften hier die Nachwirkung verschieden hoher Gaben. Die Anlage der Versuche erfolgte im Lateinischen Quadrat. Die einzelnen Varianten erhielten gegenüber der unbehandelten Kontrolle steigende Gaben von Waschschlamm, die einer Menge von 200, 300, 400 bzw. 500 dt/ha entsprachen. Der ausgebrachte und fein verteilte Waschschlamm wurde auf dem Acker flach eingearbeitet, während auf dem Dauergrünland nur eine Verteilung auf der Oberfläche möglich war.

3.1. Grünland

Auf dem Grünland war der Waschschlamm am 26. 4. 1964 ausgebracht worden. Zur Auswertung gelangten nur die Erträge des ersten Schnittes. Wie aus Abbildung 2 zu erkennen ist, erzielte dabei eine Gabe von 300 dt/ha Wollwaschschlamm den größten Ertragszuwachs. Die Ertragssteigerung wäre unserer Meinung nach

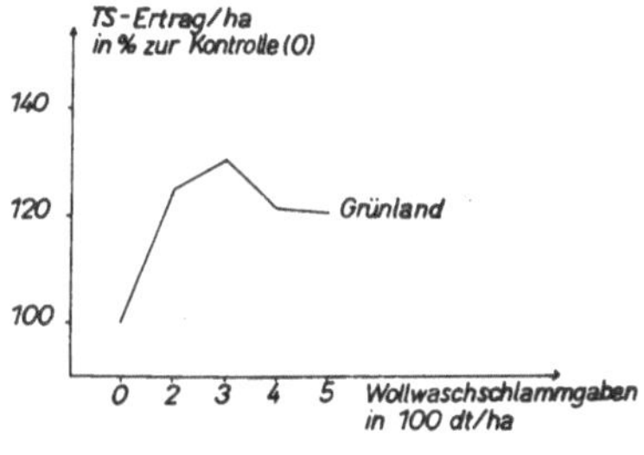

Abb. 2: Grünlandertrag unter dem Einfluß steigender Gaben von Wollwaschschlamm in Prozent zur Kontrolle

noch höher, wenn der Wollwaschschlamm in den Boden eingearbeitet worden wäre. Durch die oberflächige Aufbringung des Materials auf die geschlossene Grasnarbe kann nur ein begrenzter Teil der Nährstoffe aus dem ausgebrachten Substrat durch die Pflanze genutzt werden.

3.2. Ackerland

Auf dem Ackerland sollte die Nachwirkung einer einmaligen Waschschlammgabe auf die Nachfrucht und gleichzeitig die Wirkung auf den Ertrag der Erstfrucht geprüft werden. Als erste Frucht verwendeten wir Spinat, als Zweitfrucht Senf. Die Erträge der Erstfrucht Spinat scheinen unsere Vermutung zu bestätigen, daß eine Einarbeitung des Waschschlammes in den Boden einen günstigeren Einfluß auf die Ertragsbildung durch die Pflanzen ausüben wird als die oberflächige Ausbringung. Bei einer stufenweisen Steigerung der Wollwaschschlammmenge zeichnet sich die Tendenz ab, daß die optimalste Ausbringungsmenge zwischen 200 und 300 dt/ha liegt. Eine Erhöhung auf 400 dt/ha brachte gegenüber 300 dt/ha nur eine unbedeutende Ertragserhöhung von ca. 0,5% und eine solche von 500 dt/ha von 5% (Abb. 3).

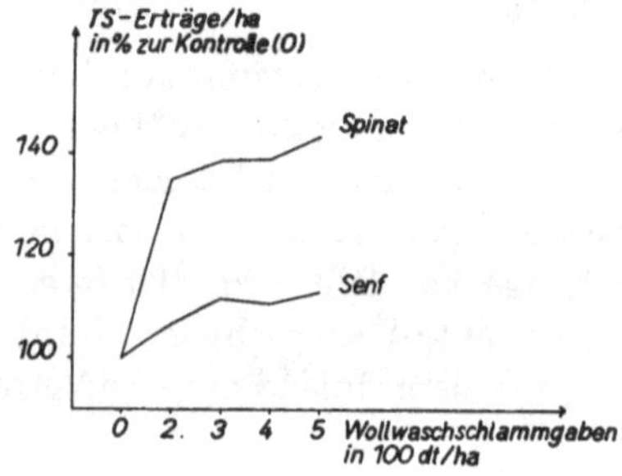

Abb. 3: Ertrag von Spinat und Senf bei steigenden Gaben von Wollwaschschlamm zur ersten Frucht in Prozent zur Kontrolle

Aus der Abbildung 3 ist weiterhin deutlich die Tendenz einer Nachwirkung auf die Zweitfrucht Senf zu erkennen. Dieser Nachwirkungseffekt ist ab einer Gabe von 300 dt/ha Wollwaschschlamm signifikant. Den höchsten Ertrag erzielte die Nachfrucht, wenn 500 dt/ha Waschschlamm zur Vorfrucht verabreicht worden waren.

Zusammenfassung

Das in der Leipziger Wollkämmerei anfallende Abfallprodukt Waschschlamm wurde auf seine Eignung als Dünger für landwirtschaftliche Kulturen geprüft. Die Untersuchung schien wegen des Gehaltes an Pflanzennährstoffen berechtigt.
Ein dreifrüchtiger Fruchtwechselgefäßversuch bestätigte die Vermutung, daß eine Waschschlammgabe die Ertragsleistung erhöhen kann. Allerdings zeigte sich, daß eine Düngung mit Schafwollwaschschlamm nicht in jedem Falle zu einer Ertragserhöhung führt, sondern daß seine Wirkung kulturartenspezifisch ist.
Ein Vergleich der im Gefäßversuch erzielten Erträge mit denen nach Düngung mit verschiedenen anderen Abfallprodukten, organischen Substanzen und zwei Stickstoffdüngern brachte im Durchschnitt aller vier Ernten eine Ertragserhöhung gegenüber ungedüngt.
Feldversuche auf dem Grünland bestätigten die in Gefäßversuchen ermittelten Ergebnisse.
Bei Düngungsversuchen auf dem Ackerland waren die mit Waschschlamm gedüngten Varianten in der Ertragsbildung in jedem Falle der ungedüngten Variante überlegen. Eine Nachwirkung zur folgenden Frucht war ab einer Gabe von 300 dt/ha zu verzeichnen.

Резюме

Наименование работы: Об удобрительной ценности промывного шлама шерстечесального производства

Проверялась пригодность отходов гребнечесальных цехов шерстяного производства — промывной шлам — как удобрения для сельскохозяйственных культур. Из-за высокого содержания питательных веществ такие опыты казались оправданными.

Опыт в вегетационных сосудах со сменой трех культур подтвердил предположение, что внесение таких отходов может вызвать увеличение урожайности. Однако выяснилось, что удобрение промывным шламом не всегда приводит к увеличению урожаев, и что он по-разному действует на разные виды культур.

Сравнение полученных в вегетационном опыте урожаев с урожаями, полученными при использовании различных других отходов, органических веществ и двух азотных удобрений в среднем по всем четырем урожаям дало прибавку по сравнению с неудобренным вариантом. Полевые опыты, проведенные на лугопастбищных угодьях подтвердили полученные в вегетационных опытах результаты.

В опытах по удобрению на пахотных землях варианты, удобренные промывным шламом всегда по урожайности превосходили неудобренные варианты. Последействие можно было отметить при внесении 300 ц/га.

Summary

Title of the paper: The fertilizer value of sheep-wool washing residues

Washing sludge, a waste product of the Leipzig wool-combing plant, was tested for its applicability as agricultural fertilizer. The tests appeared to be justified by the content of plant nutrients found in the sludge.

The assumption that yield might be increased by the application of washing sludge was verified by a crop-rotation pot experiment, with three crops being involved. The effect of sheep-wool washing sludge fertilization, however, was found to be in specific dependence on certain crops, yield increase was not obtained in every case.

The yields obtained from pot experiments, with several other waste products, organic matters, and two nitrogen fertilizers being applied, were compared to yields obtained from non-fertilized variants, and yield increases for the fertilized variants were established for all the four harvests. The results obtained from pot experiments were confirmed by field experiments carried out on grassland.

Yield formation observed in the variants which had been fertilized with washing sludge was in every case found to be superior to that of non-fertilized variants, as established by crop-land fertilization tests. After-effects on successive crops resulted from applications of 300 dt/ha and more.

Literatur

RUBINS, E. J.; HAWKINS, A.; BROWN, B. A.: By-produkt wool as a source of fertilizer nitrogen. Soil Sci. 90 (1960), S. 290

KALTOFEN, H.: Zur Frage der Anwendung von Ureaform unter besonderer Berücksichtigung des Grünlandes. Z. Landeskultur 4 (1963), S. 91

SCHEFFER, F.; SCHACHTSCHABEL, P.: Lehrbuch der Agrikulturchemie und Bodenkunde. I. Teil: Bodenkunde. Stuttgart, Enke Verl., 1960

SCHEFFER, F.; ULRICH, B.: II. Teil: Humus und Humusdüngung. Stuttgart, Enke Verl., 1960

Anschrift der Verfasser

Prof. Dr. GEORG MÜLLER und Dr. WOLFGANG HEISIG

Institut für Bodenkunde und Mikrobiologie der Karl-Marx-Universität Leipzig

703 Leipzig, Fichtestraße 28

Aus dem Institut für Saatgut und Ackerbau Halle-Lauchstädt
der Deutschen Akademie der Landwirtschaftswissenschaften zu Berlin

HERMANN ANSORGE

Untersuchungen über die Wirkung langjähriger Strohdüngung bei unterschiedlichen Stickstoffgaben

Eingegangen: 25. 5. 1966

Der günstige Einfluß der organischen Düngung auf die Erträge und den Fruchtbarkeitszustand der Böden wurde in sehr vielen Versuchen bewiesen. Neuere Untersuchungen ließen jedoch erkennen, daß die organische Düngung nicht unbedingt in Form von Stallmist verabreicht werden muß, sondern daß sie zur Erhöhung der Arbeitsproduktivität auch als Strohdüngung (evtl. verbunden mit Güllewirtschaft) erfolgen kann, indem das Stroh gleich nach der Getreideernte auf dem Felde verbleibt. Auf die umfangreiche auf dem Gebiet der Strohdüngung vorhandene Literatur soll hier nicht nochmals eingegangen werden; es wird lediglich auf die Zusammenstellungen von BOGUSLAWSKI (1964) und SCHMIDT (1964) verwiesen.

Nachdem in bisher 8jährigen Versuchen auf unterschiedlichen Standorten festgestellt wurde, daß der vor allem in Trockenjahren auf leichten Böden beobachtete positive Einfluß der Stallmistdüngung auf die Erträge auch bei Verabreichung von Stroh zusammen mit Mineraldüngung vorhanden war (ANSORGE, 1966 a, b), soll nun über mehrere 1956 angelegte Komplexversuche berichtet werden, in denen die Wirkung der Strohdüngung bei gestaffelten N-Gaben überprüft wurde.

Die Versuche wurden auf Schwarzerdeboden in Bad Lauchstädt (Kreis Merseburg) und auf lehmigen Sandböden in Trossin (Kreis Torgau) und Vollenschier (Kreis Stendal) angelegt. Eine genaue Beschreibung der Versuchsböden wurde bereits in einer früheren Arbeit gegeben (ANSORGE, 1966).

In diesen langjährigen Komplexversuchen wurden, außer in einem Block (I) „ohne Strohdüngung“, in Block II 25 dt/ha Stroh jedes Jahr und in Block III 50 dt/ha Stroh jedes 2. Jahr bei gleichzeitiger Kleegründüngung verabreicht. Wie bereits in mehreren Arbeiten in der Literatur über die Strohdüngung festgestellt wurde, ist in den ersten Jahren durch die Strohdüngung meist eine gewisse Stickstoffestlegung vorhanden. Um die Höhe dieser durch die Strohgaben gebundenen N-Mengen zu ermitteln und um festzustellen, ob diese N-Festlegung evtl. bei höherer Stickstoffanwendung weniger in Erscheinung tritt, wurde in jedem der oben angeführten Blöcke eine N-Steigerung eingebaut. Aus dem in Tabelle 1 enthaltenen Versuchsplan geht die Höhe der Stickstoffgaben zu den einzelnen Früchten hervor. Zu Rüben wurde die doppelte N-Menge verabreicht wie zu Getreide und Kartoffeln. Der Versuch lief im Fruchtwechsel, die Größe der Anlageparzellen betrug 50 m². Stroh und PK-Düngemittel wurden mit der Herbstfurche untergepflügt, während Stickstoff in jedem Fall im Frühjahr verabreicht wurde.

In Tabelle 1 ist im Durchschnitt aller Versuche auf allen 3 Blöcken eine gute Stickstoffwirkung vor allem bei der Variante „40 bzw. 80 kg/ha N“ vorhanden. Doch auch noch durch die Düngung mit 80 kg/ha N zu Getreide und Kartoffeln bzw.

160 kg/ha N zu Rüben wurden weitere Mehrerträge von 10—14% erzielt. Die Unterteilung dieser N-Gabe und auch eine weitere Stickstoffsteigerung hatte keine Mehrerträge, sondern meist sogar geringe Ertragsdepressionen zur Folge. Die Stickstoffwirkung war in Trossin besser als in Vollenschier und vor allem besser als auf dem nährstoffreichen Schwarzerdeboden in Lauchstädt.

Vergleicht man die Wirkung der Strohdüngung, so ist im Mittel aller Versuche festzustellen, daß die Strohgaben selbst auf den Varianten „ohne Stickstoffdüngung" keine Ertragsminderungen zur Folge hatten. Auf den einzelnen Standorten wirkten sich jedoch die Strohgaben bei Unterlassung der Stickstoffdüngung recht unterschiedlich auf die Erträge aus. Während die Strohdüngung auf dem Schwarzerdeboden in Lauchstädt im Mittel der 8 Jahre keinen Einfluß ausübte, gingen die Erträge im Versuch Vollenschier etwas zurück. In Trossin wurde dagegen selbst bei Unterlassung der Stickstoffdüngung ein Mehrertrag durch die Strohgabe erzielt. Die mit Kleegründüngung kombinierte Strohdüngung hatte im Mittel aller Standorte gesicherte Ertragssteigerungen zur Folge. Diese höheren Erträge, die vor allem auf den Standorten Vollenschier und Trossin durch Strohdüngung, kombiniert mit Kleegründüngung, erzielt wurden, sind einmal auf die Stickstoff-

Tabelle 1
Strohdüngung mit gestaffelten N-Gaben
Relativerträge der Haupternteprodukte (Mittel der Jahre 1956—1964)

	Lauchstädt	Trossin	Vollenschier	Mittel	
I. ohne Strohdüngung					Wirkung der Strohdüngung
1. ohne N	80	56	71	69	
2. 40 bzw. 80 kg/ha N v. d. Saat	100	100	100	100	I. 100
3. 80 bzw. 160 kg/ha N v. d. Saat	102	119	113	111	II. 99
4. 80 bzw. 160 kg/ha N verteilt	107	118	104	110	III. 104
5. 120 bzw. 240 kg/ha N verteilt	98	124	112	111	GD 5% = 4
II. 25 dt/ha Stroh jedes Jahr					
1. ohne N	79	69	59	69	Wirkung der
2. 40 bzw. 80 kg/ha N v. d. Saat	97	106	94	99	N-Düngung
3. 80 bzw. 160 kg/ha N v. d. Saat	103	121	107	110	1. 73
4. 80 bzw. 160 kg/ha N verteilt	104	115	103	107	2. 101
5. 120 bzw. 240 kg/ha N verteilt	100	117	107	108	3. 112
					4. 109
					5. 110
					GD 5% = 6
III. 50 dt/ha Stroh mit Kleegründüngung jedes zweite Jahr					
1. ohne N	79	89	84	81	
2. 40 bzw. 80 kg/ha N v. d. Saat	99	105	107	104	
3. 80 bzw. 160 kg/ha N v. d. Saat	102	124	116	114	
4. 80 bzw. 160 kg/ha N verteilt	104	121	109	111	
5. 120 bzw. 240 kg/ha N verteilt	98	124	108	110	
GD 5% = 15					

Niedrige N-Gaben zu Getreide und Kartoffeln, hohe N-Gaben zu Rüben

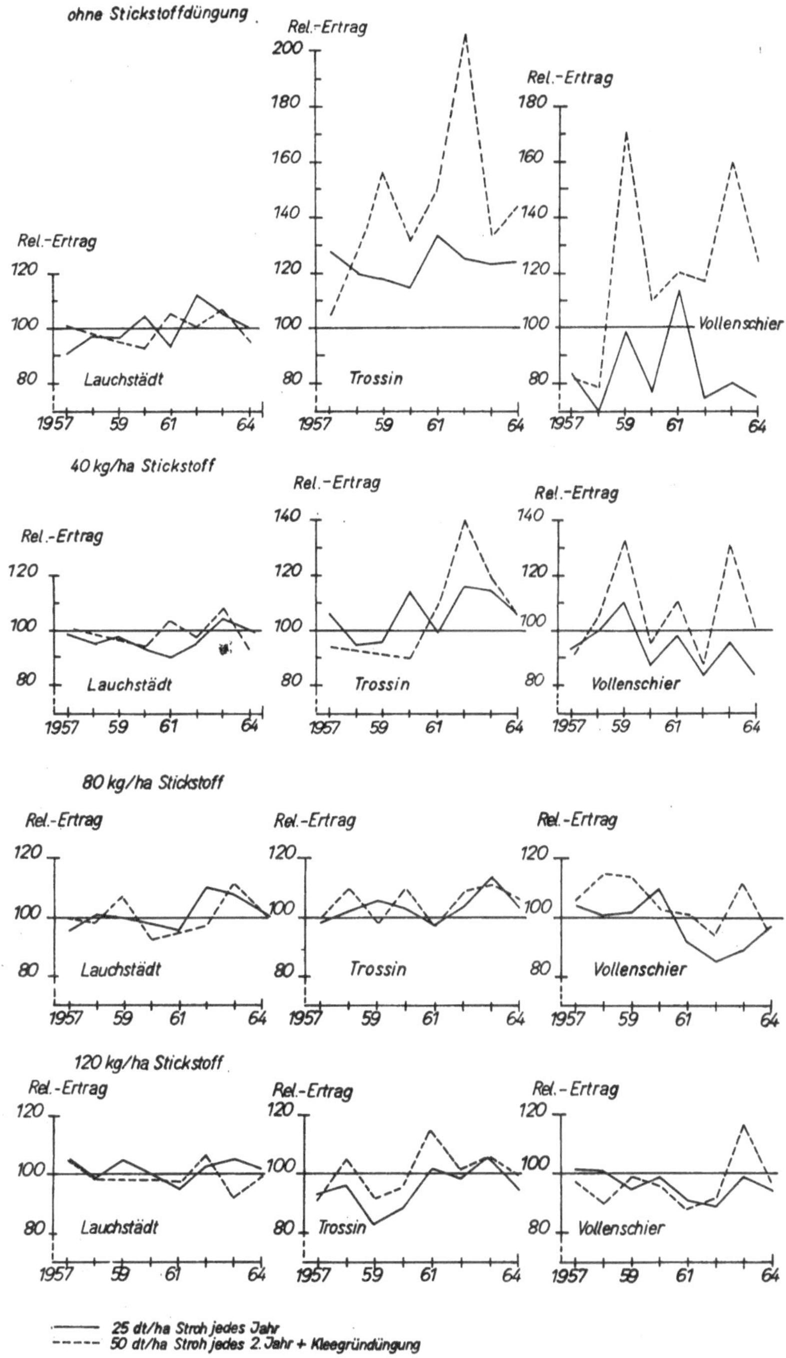

Abb. 1: Strohdüngungsversuch bei gestaffelten N-Gaben auf verschiedenen Standorten (Relativerträge der Haupternteprodukte, „ohne Strohdüngung" = 100)

wirkung der Kleegründüngung, zum anderen aber auch auf die erhöhte Zufuhr an organischer Substanz und die hiermit verbundene Verbesserung der Wasserhaltefähigkeit der Böden (besonders in Trockenjahren) zurückzuführen.
Aus dem in Abbildung 1 ersichtlichen Verlauf der Erträge auf den Varianten „ohne mineralische Stickstoffdüngung" geht bei dem Lauchstädter Versuch klar hervor, daß nach einem anfänglich etwas niedrigeren Ertrag im Laufe der Jahre ein leichtes Ansteigen der Erträge auf beiden Varianten mit Strohdüngung im Vergleich zu der „ohne Stroh" vorhanden ist. Diese Ergebnisse sind auf eine in den ersten Versuchsjahren vorhandene Stickstoffestlegung und die dann einsetzende Mineralisierung zurückzuführen. Sie stimmen gut mit den von SCHMALFUSS und KOLBE (1959) angeführten Ergebnissen von Strohdüngungsversuchen in Halle überein.
Auf dem Boden in Trossin hatte die Strohdüngung mit und ohne Kleegründüngung dagegen auch bei Unterlassung der Stickstoffdüngung seit Versuchsbeginn große Ertragssteigerungen zur Folge. Diese von den Ergebnissen der Literatur abweichende Feststellung ist vielleicht durch die Besonderheit des Trossiner Bodens zu erklären. Er neigt sehr stark zur Verschlämmung, deshalb wirkt sich hier vermutlich die zeitweilige Bedeckung mit Stroh und auch die Zufuhr organischer Substanz besonders günstig auf die Bodenstruktur und auf das Bodenleben aus. Anders als in Trossin liegen die Ergebnisse in Vollenschier. Nach anfänglichen Mindererträgen durch die Strohdüngung ist bis 1961 bei der alleinigen Strohdüngung ein gewisser Ertragsanstieg zu erkennen. In den folgenden Jahren ist jedoch wieder ein Abfall der Erträge vorhanden. Bei der mit Gründüngung kombinierten Strohdüngung war dagegen, besonders in den trockenen Jahren 1959 und 1963, ein sehr guter Einfluß auf die Erträge zu erkennen. Aber auch in den übrigen Jahren wirkte sich diese Düngungsmethode günstig aus.
Erstaunlich ist, daß die Wirkung der Strohdüngung auf die Erträge bei Düngung mit Stickstoff, sowohl bei niedrigen als auch bei hohen N-Gaben, besonders in dem Trossiner Versuch anders ist als auf den Varianten „ohne Stickstoffdüngung". Nach den Ergebnissen aus der Literatur war zu erwarten, daß sich die Strohdüngung bei gleichzeitiger Stickstoffdüngung noch günstiger auf die Erträge auswirken würde als bei Unterlassung derselben, besonders weil die anfänglich vorhandene Stickstoffestlegung hier nicht so stark in Erscheinung tritt. Jedoch ist bei gleichzeitiger Verabreichung von Stickstoff auf dem Lauchstädter Schwarzerdeboden etwa die gleiche Tendenz wie auf den Varianten „ohne Stickstoff" vorhanden. Die Erträge liegen bei Strohdüngung im Mittel der Versuche etwa auf gleicher Höhe wie „ohne Stroh". Die Tendenz, daß durch die Mineralisierung des festgelegten Stickstoffs in den späteren Versuchsjahren die Erträge ansteigen, ist im Gegensatz zu den Varianten „ohne N" nur schwach angedeutet.
In dem Versuch in Trossin, in dem sich die Strohdüngung bei Unterlassung der Stickstoffgaben in starkem Maße ertragsteigernd auswirkte, hatte die Strohgabe bei gleichzeitiger Stickstoffdüngung nur eine geringe Wirkung, obgleich auch hier (besonders bei den N-Gaben von 40 kg/ha und 120 kg/ha) die Tendenz vorhanden ist, daß die Erträge bei gleichzeitiger Strohdüngung im Vergleich zu denen „ohne Stroh" im Laufe der Versuchsjahre leicht ansteigen. Auf dem Standort Vollen-

schier hatte die Strohdüngung dagegen bei gleichzeitiger Verabreichung von Stickstoff sehr unterschiedliche Wirkungen auf die Erträge zur Folge. Im Mittel liegen hier die Erträge mit Strohdüngung etwa auf gleicher Höhe wie bei Unterlassung derselben. Bei der kombinierten Anwendung von Stroh und Kleegründüngung ist besonders in den Trockenjahren 1959 und 1963 auch hier ein positiver Einfluß auf die Erträge zu erkennen.

Im Mittel der 8jährigen Versuche auf 3 Standorten kann also festgestellt werden, daß durch die Strohdüngung selbst bei Unterlassung der Stickstoffdüngung kein Ertragsrückgang vorhanden war, daß aber die Düngewirkung des Strohs auf den einzelnen Standorten unterschiedlich ist. Während die Strohdüngung auf dem Lauchstädter Schwarzerdeboden (bei allen Stickstoffstufen) nur eine geringe Wirkung ausübte, war auf dem lehmigen Sandboden in Trossin ein positiver Einfluß der Strohdüngung auf die Erträge vorhanden. In Vollenschier wirkte sich besonders die mit Gründüngung kombinierte Strohdüngung (vor allem in den Trockenjahren) ertragssteigernd aus. Eine stärkere Festlegung des Stickstoffs durch die Strohgabe konnte nicht festgestellt werden.

Außer den Untersuchungen über die Wirkung der Strohdüngung bei unterschiedlicher Stickstoffgabe auf den Ertrag wurde der Einfluß auf den Humus- und Stickstoffgehalt der Böden überprüft (Tab. 2). Aus den C-Untersuchungen geht klar hervor, daß die Stickstoffdüngung, wie in den Versuchen zur Überprüfung verschiedener organischer Düngemittel (Ansorge, 1966), auf allen Standorten mit und ohne Stroh eine geringe Erhöhung der C-Gehalte zur Folge hatte. Diese Steige-

Tabelle 2

Strohdüngung mit gestaffelten N-Gaben

Kohlenstoff- und Stickstoffbestimmungen im Boden nach 8jähriger Versuchsdauer

	% C Lauchstädt	Trossin	Vollenschier	% N Lauchstädt	Trossin	Vollenschier
I. ohne Strohdüngung						
1. ohne N	1,54	0,93	0,60	0,160	0,075	0,060
2. 40 bzw. 80 kg/ha N v. d. Saat	1,71	0,88	0,64	0,152	0,077	0,065
3. 80 bzw. 160 kg/ha N v. d. Saat	1,72	0,98	0,64	0,162	0,084	0,062
4. 80 bzw. 160 kg/ha N verteilt	1,69	0,98	0,64	0,164	0,084	0,065
5. 120 bzw. 240 kg/ha N verteilt	1,65	1,02	0,65	0,160	0,099	0,054
II. 25 dt/ha Stroh jedes Jahr						
1. ohne N	1,64	0,98	0,60	0,151	0,085	0,061
2. 40 bzw. 80 kg/ha N v. d. Saat	1,68	1,03	0,60	0,150	0,083	0,062
3. 80 bzw. 160 kg/ha N v. d. Saat	1,73	0,97	0,67	0,156	0,083	0,069
4. 80 bzw. 160 kg/ha N verteilt	1,78	1,03	0,62	0,157	0,086	0,051
5. 120 bzw. 240 kg/ha N verteilt	1,73	1,06	0,69	0,162	0,089	0,064
III. 50 dt/ha Stroh mit Kleegründüngung jedes zweite Jahr						
1. ohne N	1,69	0,99	0,65	0,156	0,079	0,064
2. 40 bzw. 80 kg/ha N v. d. Saat	1,79	1,02	0,56	0,162	0,083	0,054
3. 80 bzw. 160 kg/ha N v. d. Saat	1,79	1,10	0,66	0,159	0,092	0,064
4. 80 bzw. 160 kg/ha N verteilt	1,77	1,07	0,62	0,161	0,094	0,064
5. 120 bzw. 240 kg/ha N verteilt	1,78	1,00	0,66	0,156	0,086	0,054

rung der Humusgehalte im Boden ist wohl vor allem auf die höheren Erträge und den hiermit verbundenen stärkeren Anfall an Wurzel- und Stoppelrückständen zurückzuführen. Neben der Stickstoffdüngung hat auch die Strohdüngung, besonders kombiniert mit Kleegründüngung, auf allen Standorten ein Ansteigen der Humusgehalte im Boden bewirkt. Die Veränderungen der C-Gehalte sind nach 8jähriger Versuchsdauer jedoch nur relativ gering. Auch traten auf einigen Varianten, wahrscheinlich hervorgerufen durch Probenahme- bzw. Analysenfehler, kleinere Abweichungen von der genannten Tendenz auf.

Fast den gleichen Einfluß wie auf den Kohlenstoffgehalt übt die Stickstoff- und Strohdüngung im Mittel auch auf die Gesamtstickstoffgehalte des Bodens aus. Doch sind auf dem Lauchstädter Boden keine klaren Tendenzen zu erkennen, während in Trossin und auch in Vollenschier sowohl ein positiver Einfluß der Stickstoff- als auch der Strohdüngung auf die Gesamt-N-Gehalte des Bodens angedeutet ist.

Die gleichen Ergebnisse, daß die Strohdüngung nur eine rel. geringe Stickstofffestlegung bewirkt und daß der im Anwendungsjahr gebundene Stickstoff in den folgenden Jahren wieder mineralisiert wird und dann den Pflanzen zur Verfügung steht, wurden auch im Mittel von insgesamt 53 über das gesamte Gebiet der DDR verteilten Strohdüngungsversuchen erzielt. Über diese Versuche, die als Gemeinschaftsarbeit der früheren 5 Institute für Landwirtschaftliches Versuchs- und Untersuchungswesen durchgeführt wurden, ist bereits berichtet worden (ANSORGE, 1964).

Gleichzeitig ging aus diesen Versuchen zur Überprüfung des Einflusses der Strohdüngung auf verschiedenen Bodenarten hervor, daß es besonders auf den leichten Böden besser ist, die Stickstoffdüngung zum Ausgleich der N-Festlegung durch die Strohgabe im Frühjahr auszubringen. Nach Arbeiten von BOGUSLAWSKI (1964) ist die Zersetzung des Strohs in den Herbstmonaten auch nur relativ gering. Sie schwankt je nach Witterung zwischen 10 und 25%. Dies zeigt, daß wahrscheinlich auch nur ein geringer Anteil des benötigten Stickstoffs in den Herbstmonaten festgelegt wird, der zu diesem Zeitpunkt in den meisten Böden auch vorhanden ist. Durch die Festlegung werden diese freien N-Mengen im Boden bei Strohdüngung (besonders auf leichten Böden) auch vor einer Auswaschung bewahrt. Eine zusätzliche N-Gabe gemeinsam mit der Strohdüngung im Herbst wirkte sich deshalb auf den Sandböden nicht so günstig wie die Frühjahrs-N-Gabe aus.

Um in Dauerversuchen zu überprüfen, wann der beste Zeitpunkt für die Strohunterbringung und für die zusätzliche Stickstoffdüngung ist, wurden im Herbst 1957 auf Schwarzerdeboden in Bad Lauchstädt und im Herbst 1958 auf lehmigen Sandböden in Trossin und Vollenschier drei mehrjährige Versuche angelegt. Auch diese Versuche wurden im Fruchtwechsel durchgeführt. Das Stroh wurde hier nur jedes 2. Jahr jeweils nach Getreideanbau verabreicht (Tab. 3).

Aus den Ergebnissen geht hervor, daß die Strohdüngung zusammen mit der zusätzlichen N-Gabe in den Versuchen in Lauchstädt und Vollenschier im Mittel sämtlicher Versuchsjahre keinen Einfluß auf die Erträge der einzelnen Früchte ausübte. Deshalb ist hier auch kein gesicherter Unterschied bei variierter Einbringung der Strohgabe und zusätzlicher N-Düngung vorhanden. In dem Trossiner

Boden wirkte sich die Strohdüngung dagegen, wie schon bei der Besprechung der früheren Versuche festgestellt wurde, sehr günstig auf die Erträge aus. Besonders bei den Varianten, die eine starke Aktivierung des Bodenlebens während des Sommers zur Folge haben (wie Variante 4 „Stroh und Stickstoff gleich nach der Ernte eingeschält"), waren auf diesem Standort hohe Ertragssteigerungen vorhanden. Ebenso wurden in Trossin im Mittel aller Versuchsjahre auf der Variante 7, in der das Stroh den Sommer über zusammen mit einer zusätzlichen N-Gabe auf dem Boden verbleibt und schon leicht verrottet, große Mehrerträge erzielt. Da der Trossiner Boden, wie bereits erwähnt, sehr leicht zum Verschlämmen neigt, hat sich diese garefördernde Strohdecke besonders positiv auf die Erträge des nächsten Jahres ausgewirkt.

Abbildung 2 läßt in Lauchstädt nur einen geringen Einfluß der Strohdüngung während der gesamten Versuchsdauer erkennen. Die Erträge schwanken auf den mit Stroh gedüngten Parzellen um die der Vergleichsvariante. Lediglich in den letzten beiden Jahren hatte die Strohdüngung geringe Mindererträge zur Folge. Im Versuch Trossin wirkte sich im Mittel die Strohdüngung allein und mit zusätzlich 40 kg/ha N positiv aus. Dagegen ist in Vollenschier bei Verabreichung von 50 dt/ha Stroh ohne zusätzliche N-Gabe im Mittel kein Einfluß auf die Erträge festzustellen, während die Strohdüngung zusammen mit zusätzlich 40 kg/ha N besonders im letzten Versuchsabschnitt Mehrerträge zur Folge hatte.

Tabelle 3

Versuche zur Überprüfung des günstigsten Zeitpunktes für die Strohdüngung und die zusätzliche N-Gabe

(Mittel der Relativerträge der Haupternteprodukte)

	Lauchstädt 1958–63	Trossin 1959–63	Vollenschier 1959–63	Mittel
1. ohne Stroh	100	100	100	100
2. ohne Stroh, 40 kg/ha N als Kalkstickstoff zur Herbstfurche	95	105	103	101
3. 50 dt/ha Stroh gleich nach der Ernte flach eingepflügt	95	95	95	95
4. 50 dt/ha Stroh + zusätzlich 40 kg/ha N als Kalkstickstoff gleich nach der Ernte flach eingepflügt	100	115	98	104
5. 50 dt/ha Stroh gleich nach der Ernte ausgebreitet und mit der Herbstfurche eingepflügt	96	104	99	100
6. 50 dt/ha Stroh gleich nach der Ernte ausgebreitet und mit der Herbstfurche eingepflügt und zusätzlich 40 kg/ha N als Kalkstickstoff kurz vor der Herbstfurche	98	106	98	101
7. 50 dt/ha Stroh gleich nach der Ernte ausgebreitet und mit der Herbstfurche eingepflügt und zusätzlich 40 kg/ha N als Kalkstickstoff gleich nach der Ernte auf das Stroh —	97	115	101	104
8. 50 dt/ha Stroh gleich nach der Ernte ausgebreitet und mit der Herbstfurche eingepflügt und zusätzlich 40 kg/ha N als Kalkstickstoff im zeitigen Frühjahr	96	108	97	100
rel. GD 5%	4	7	4	

Zusammenfassend zeigen die Ergebnisse der Dauerversuche in Lauchstädt, Trossin und Vollenschier und der 53 verteilt über das gesamte Gebiet der DDR durchgeführten Versuche zur Überprüfung des günstigen Einbringungstermins für

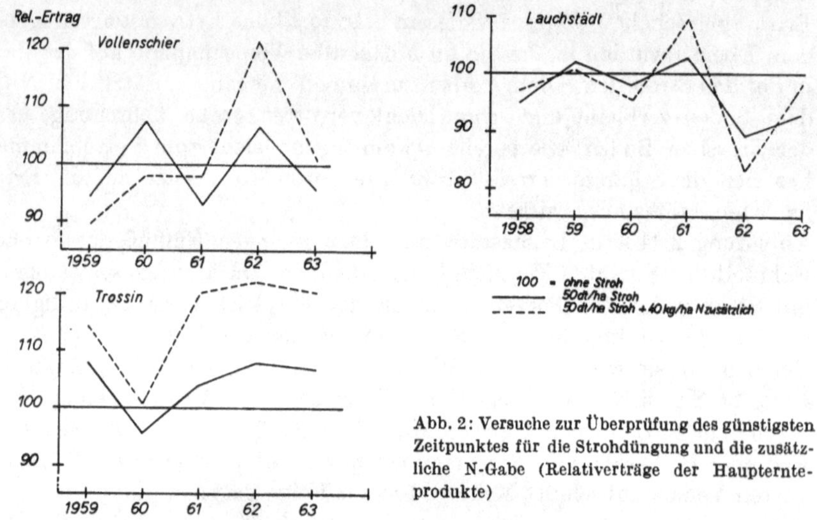

Abb. 2: Versuche zur Überprüfung des günstigsten Zeitpunktes für die Strohdüngung und die zusätzliche N-Gabe (Relativerträge der Haupternteprodukte)

Stroh und der zusätzlichen N-Gabe auf den einzelnen Böden z. T. unterschiedliche Werte. In Übereinstimmung mit den Ergebnissen von BOGUSLAWSKI (1964) konnte jedoch festgestellt werden, daß es auf allen Böden günstig ist, entweder die zusätzliche Stickstoffgabe gleich nach der Ernte mit auf das Stroh zu geben, um so eine beschleunigte Zersetzung während des Sommers zu erzielen, oder aber (besonders auf den leichten Böden) die zusätzliche N-Gabe erst im Frühjahr zu verabreichen. Da durch das letzte Verfahren die N-Verluste während des Winters durch die Festlegung der im Herbst freigewordenen Stickstoffmengen herabgesetzt werden, sollte diese Methode bevorzugt angewandt werden.

Zusammenfassung

Drei achtjährige Strohdüngungsversuche mit unterschiedlichen Stickstoffgaben auf Schwarzerde- und lehmigen Sandböden ergaben, daß die Strohdüngung im Mittel keinen Ertragsrückgang zur Folge hatte, daß aber die Düngewirkung des Strohs auf den einzelnen Standorten unterschiedlich war. Während die Strohdüngung auf dem Lauchstädter Schwarzerdeboden (bei allen Stickstoffstufen) nur eine geringe Wirkung ausübte, war auf dem lehmigen Sandboden in Trossin selbst bei Unterlassung der N-Gaben ein positiver Einfluß der Strohdüngung auf die Erträge vorhanden. Auf dem lehmigen Sandboden in Vollenschier hatte die Strohdüngung (besonders bei Unterlassung der N-Gabe) dagegen geringe Mindererträge bewirkt; hier übte die mit Gründüngung kombinierte Strohdüngung, vor allem in Trockenjahren, einen günstigen Einfluß auf die Erträge aus.

Eine stärkere N-Festlegung durch die Strohgabe konnte im Mittel aller Versuche nicht festgestellt werden. Der auf einigen Standorten bei Strohdüngung in den ersten Versuchsjahren festgelegte Stickstoff wurde fast immer in den folgenden Jahren wieder mineralisiert und hatte dann Mehrerträge zur Folge.

In 3 weiteren Dauerversuchen zur Überprüfung des günstigen Zeitpunktes für das Einpflügen des Strohs und für die Verabreichung der zusätzlichen N-Gaben konnte festgestellt werden, daß es im Mittel von geringerer Bedeutung ist, ob das Stroh gleich nach der Ernte eingeschält oder erst im Herbst eingepflügt wird.

Резюме

Наименование работы: Исследование действия многолетнего внесения соломенного удобрения при различном азотном удобрении

Три восьмилетних опыта с различными нормами внесения азота на черноземных и супесчаных почвах показали, что соломенное удобрение в среднем не приводит к снижению урожайности, но что удобрительное действие соломы было различным в разных местностях. В то время как на лаухштедских черноземных почвах солома во всех вариантах оказывала лишь небольшое действие, на супесчаных почвах в Троссин она влияла на урожаи положительно даже в варианте без внесения азота. На супесчаных почвах в Волленшир солома вызывала небольшое снижение урожаев, особенно в варианте без внесения азота; на этих почвах комбинированное удобрение соломой и зеленым удобрением, особенно в засушливые годы, оказывало положительное влияние на урожаи.

В среднем от всех опытов не было установлено более значительного связывания азота в результате удобрения соломой. Азот, связанный в некоторых местах в первые опытные годы почти во всех случаях в последующие годы опять был минерализован и приводил к прибавкам урожаев.

В трех других длительных опытах по испытанию наиболее выгодного срока запашки соломы и внесения дополнительных доз азота удалось установить, что в среднем не имеет большого значения заделывается ли солома непосредственно после уборки зерновых при лущении стерни или осенью при вспашке.

Summary

Title of the paper: Studies on the effect of long-term straw manuring with different nitrogen applications

Three eight-year straw manuring tests on black earth and loamy sand soils with different nitrogen applications have shown that on an average straw manuring did not result in yield decline, with the fertilizing effects of the straw, however, differing by sites. Straw manuring applied to the black earth soil of Lauchstädt had but little effect for all the nitrogen stages involved, whereas positive influence of straw manuring on the yields was observed on the loamy sand soil of Trossin even in cases where no nitrogen was given at all. Slightly declined yields were occasioned by straw manuring applied to the loamy sand soil of Vollenschier, mainly in cases where no nitrogen was used, with the positive influence on the yields being attributed to combined straw and green manuring, mainly in dry years.

As a mean result of all the tests involved, no increased nitrogen linkage due to straw application was established. Almost all the amounts of nitrogen linked after straw manuring on some of the sites, during the first test years, were re-mineralized in the subsequent years with the result of additional yields.

Three more permanent trials were carried out to determine the most favourable date for both the ploughing- in of straw manure and the application of additional nitrogen, and it was found that it would usually be of minor importance whether the straw is integrated immediately after the harvest or ploughed in not before autumn.

Literatur

ANSORGE, H.: Ergebnisse von Strohdüngungsversuchen. Z. landwirtsch. Versuchs- u. Untersuchungswes. 10 (1964), S. 21–29

ANSORGE, H.: Ergebnisse von achtjährigen Versuchen zur Überprüfung verschiedener organischer Düngemittel, insbesondere der Strohdüngung, auf unterschiedlichen Standorten. 1. Mitt.: Erträge. Thaer-Arch. 10 (1966), S. 1035–1045

ANSORGE, H.: Ergebnisse von achtjährigen Versuchen zur Überprüfung verschiedener organischer Düngemittel, insbesondere der Strohdüngung, auf unterschiedlichen Standorten. 2. Mitt.: Bodenuntersuchungen. Thaer-Arch. 10 (1966), S. 1139–1147

ANSORGE, H.; KÜHN, G.: Strohlose Haltung von Rindern auf Gummimatten. Dt. Landwirtsch. 16 (1965), S. 39–42

BARBIER, G.; BOISCHOT, P.: Wirkungsweise von untergepflügtem Stroh auf die Stickstoffernährung der Kulturpflanzen. Z. Pflanzenernähr., Düng., Bodenkd. 69 (1955), S. 8–15

BOGUSLAWSKI,. E. v.: Die Verwertung der Strohernten als Strohdüngung. Arb. Dt. Landwirtsch.-Ges. Nr. 96, 1964, DLG-Verl., Frankfurt (Main)

BUCHNER, A.: Neue Wege der Düngung im Intensivbetrieb. 2. Aufl., DLG-Verl., Frankfurt (Main), 1964

FLIEG, O.; GROSS, G.: Strohdüngungsversuche. Z. Pflanzenernähr., Düng., Bodenkd. 13 (1934), S. 380–384

KICK, H.: Über die Höhe der Stickstoffestlegung bei Strohdüngung. Mitt. Dt. Landwirtsch.-Ges. 72 (1957), S. 600

KICK, H.; DÖRR, R.: Untersuchungen zur Versorgung von Ackerböden mit organischer Masse durch Stroh und Stallmist. Z. Pflanzenernähr., Düng., Bodenkd. 70 (1955), S. 124–137

KÖHNLEIN, J.; VETTER, H.: Ergebnisse zehnjähriger Feldversuche mit Stroh- und Stallmistdüngung auf Parabraunerde und Heidepodsol. Z. Acker- u. Pflanzenbau 117 (1963). S. 379–349

KUIPERS, S. F.: Einfluß des Unterpflügens von Stroh auf die Bodeneigenschaften. Landbouwmechanisatie 11 (1960), S. 705–711

LEMMERMANN, O.; GRÜTZ, W.: Zur Frage der Strohdüngung. Z. Pflanzenernähr., Düng.. Bodenkd. 44 (1949), S. 1–6

LINDNER, H.: Ergebnisse und Folgerungen aus zehnjährigen Düngungsversuchen mit Stallmist und Stroh. Thaer-Arch. 6 (1962), S. 597–609

SAUERLANDT, W.; v. GIERKE, K.: Der Einfluß jährlicher Strohgaben auf die Erträge und einige Bodeneigenschaften. Z. Pflanzenernähr., Düng., Bodenkd. 94 (1961), S. 104–115

SCHMALFUSS, H.; KOLBE, G.: Feldversuche mit Strohdüngung. Dt. Landwirtsch. 10 (1959), S. 343–347

SCHMALFUSS, K.; KOLBE, G.: Über die Wirkung der Strohdüngung. Feldwirtschaft 10 (1965), S. 461–463

SCHMIDT, K.: Eine Literaturübersicht über den gegenwärtigen Stand der Strohdüngung. Z. landwirtsch. Versuchs- u. Untersuchungswes. 10 (1964), S. 5–20

VETTER, H.: Einfluß der Strohdüngung auf Boden und Pflanze. Dt. Landwirtsch. 10 (1959), S. 347–351

Anschrift des Verfassers

Dr. habil. HERMANN ANSORGE
Institut für Mineraldüngung Leipzig
der Deutschen Akademie der Landwirtschaftswissenschaften zu Berlin
7022 Leipzig, Gustav-Kühn-Straße 8

Aus dem Institut für Pädagogik, Abteilung Agrarpädagogik,
der Universität Rostock

Albert Bartels

Der Einfluß der Sommerzwischenfrüchte auf die Erhöhung des Fruchtfolgeertrages

Eingegangen: 14. 5. 1966

1. Einleitung

Um die Bedeutung des Stoppelfruchtanbaues richtig einschätzen zu können, ist es notwendig, nicht nur den Ertrag zu kennen, den diese als Futterpflanzen liefern, sondern auch den Einfluß, den die Stoppelfrüchte auf die Bodenfruchtbarkeit ausüben. Über die Wirkung, die durch die Sommerzwischenfrüchte auf die Bodenfruchtbarkeit hervorgerufen wird, liegen von verschiedenen Seiten umfangreiche Veröffentlichungen vor.
Weniger zahlreich findet man Hinweise über den Fruchtfolgemehrertrag durch Anbau von Sommerzwischenfrüchten. Die Kenntnis davon besitzt für den praktischen Anbau ganz besonderes Interesse. Unter Fruchtfolgemehrertrag ist für diese Fragestellung derjenige Ertragszuwachs im Verlauf der Fruchtfolge zu verstehen, der durch den Anbau von Sommerzwischenfrüchten hervorgerufen wird; wir fassen dabei den Stoppelfruchtertrag mit dem Mehrertrag zusammen, der durch die gute Vorfruchtwirkung der Stoppelsaaten bei den Nachfrüchten entsteht.
Für die Beurteilung von Stoppelfrüchten sollte keinesfalls der Futterertrag allein herangezogen werden, sondern zugleich der Mehrertrag, der durch den unterschiedlichen Vorfruchtwert der Stoppelfrüchte im Verlauf der Fruchtfolge gebildet wird.

2. Versuchsgestaltung

Zur Ermittlung der Fruchtfolgemehrerträge, die sich durch den Anbau der verschiedenen Sommerzwischenfrüchte ergeben, wurden im früheren Institut für Landwirtschaftliches Versuchs- und Untersuchungswesen Rostock unter der Leitung von Prof. Dr. Dr. K. Nehring umfangreiche Fruchtfolgeversuche mit verschiedenen Sommerzwischenfruchtformen in Mecklenburg durchgeführt, und zwar

a) 12 Versuchsserien zu Stoppelsaaten auf besseren Böden mit je 8 Teilfruchtfolgen,
b) 8 Versuchsserien zu Stoppelsaaten auf leichteren Böden mit je 9 Teilfruchtfolgen,
c) 14 Versuchsserien zu Stoppelklee mit je 7 Teilfruchtfolgen.

Die Anlage sämtlicher Einzelversuche erfolgte in sechsfacher Wiederholung. Die in vierjähriger Folge ermittelte Ertragsfähigkeit der Stoppelsaaten auf besseren und leichteren Böden sowie des Stoppelklees wurde jeweils in den drei folgenden Jahren durch die Erfassung der Nachfruchterträge weitergeführt. Als Nachfrucht wurden im ersten Jahr einheitlich Kartoffeln, im zweiten Nachbaujahr Sommergerste und im dritten Nachbaujahr Winterroggen angebaut. Alle Pflanzenarten einschließlich der Stoppelfrüchte erhielten eine ihnen angemessene Düngung.

Für die Bestimmung des Fruchtfolgemehrertrages wurde die Ertragssumme aus der betreffenden Sommerzwischenfrucht und dem Mehrertrag, der durch die Vorfruchtwirkung der entsprechenden Stoppelfrüchte im Verlauf der Fruchtfolge verursacht wurde, ermittelt. Der Fruchtfolgemehrertrag läßt sich dabei aus der Ertragsdifferenz bestimmen, die sich bei entsprechender Versuchsgestaltung aus der Gegenüberstellung der Erträge von Fruchtfolgen mit und ohne Sommerzwischenfruchtanbau ergibt.
Von allen Stoppelfrüchten wurden zunächst die Stoppelfruchterträge festgestellt (Tab. 1), darauf durch Laboruntersuchungen die Inhaltsstoffe bestimmt und schließlich durch Verdaulichkeitsprüfungen in Tierversuchen der Futterwert ermittelt.

Tabelle 1

Grün- und Trockenmasseerträge einiger Stoppelfruchtpflanzen auf besseren und leichteren Böden sowie des Stoppelklees

Stoppelfrüchte	Grünmasseertrag		Trockenmasseertrag	
	dt/ha	rel.	dt/ha	rel.
Stoppelfrüchte auf besseren Böden				
Markstammkohl, gepflanzt	**206**	**99**	**24,4**	**109**
Hülsenfruchtgemenge	150	72	18,6	83
Sonnenblumen	**208**	**100**	**22,4**	**100**
Sonnenblumen + Leguminosen	167	80	18,3	82
Phacelia	198	95	**24,3**	**108**
Senf	119	58	14,7	66
GD 5%			5,2	22
Stoppelfrüchte auf leichteren Böden				
Phacelia	**200**	**123**	**17,6**	**136**
Felderbsen	104	64	10,7	83
Sonnenblumen + Leguminosen	125	77	11,3	88
Sonnenblumen	**163**	**100**	**12,9**	100
Serradella + Lupinen	} Bestände nicht schnittwürdig, nur beweidbar			
Serradella				
Senf	92	56	10,1	78
GD 5%			6,1	47
Stoppelklee				
Rotklee + Welsches Weidelgras	62,5	97	11,7	104
Weißklee	67,7	105	10,4	92
Kleegemisch	68,9	107	11,0	97
Kleegemisch + Welsches Weidelgras	70,6	109	11,2	99
Rotklee	64,7	100	11,3	100
GD 5%			3,6	32

Bemerkung: Die hohen Werte für GD beruhen auf den großen Ertragsschwankungen, denen die Stoppelfrüchte von Jahr zu Jahr unterworfen sind

Diese Bestimmungen ermöglichen es, den Ertragsvergleich der Stoppelsaaten auf der Basis der Erträge an verdaulichen Nährstoffen vorzunehmen; denn der Ertrag an Stärkeeinheiten und verdaulichem Rohprotein in dt/ha gilt als realer Maßstab für die unterschiedlichen Werte der einzelnen Futterpflanzen.
Im Anschluß an diese Ermittlungen wurde der Einfluß der Stoppelfrüchte auf den Ertrag und die Qualität der Nachfrüchte untersucht. Die größte Wirkung auf die Ertragserhöhung der Nachfrüchte übten Stoppelklee, Lupinen, Serradella und andere Leguminosen aus. Durch

den Anbau dieser Stoppelfrüchte zeigten die Folgefrüchte noch im 2. und 3. Jahr höhere Erträge. Auch der Rohproteingehalt der ersten und zweiten Folgefrüchte ergab nach den Leguminosen-Stoppelfrüchten und besonders nach Stoppelklee eine positive Beeinflussung in statistisch gesichertem Umfang. Durch die Errechnung der Erträge an verdaulichen Nährstoffen konnte diese Wirkung bei den verschiedenen Nachfrüchten am besten zusammengefaßt und aufaddiert werden.
Der Vergleich der Nachfruchterträge zu den Fruchtfolgen ohne Zwischenfruchtanbau ließ den Mehrertrag erkennen, der durch den Anbau der Stoppelfrüchte hervorgerufen wird, so daß nunmehr die Fruchtfolgeleistung der Stoppelfrüchte auf besseren Böden, der Stoppelfrüchte auf leichteren Böden sowie des Stoppelklees auf der Grundlage der Erträge an verdaulichen Nährstoffen bestimmt werden konnte.

3. Ergebnisse

3.1. Fruchtfolgemehrertrag der Stoppelfrüchte auf besseren Böden

Wie aus Tabelle 2, erste Spalte, hervorgeht, erreichen die einzelnen Stoppelfrüchte recht unterschiedliche Futtererträge je Hektar, ausgedrückt in Stärkewerten und verdaulichem Rohprotein. Wenn der durch die Vorfruchtwirkung hervorgerufene Mehrertrag mitberücksichtigt wird (zweite Spalte), ergibt sich für den Fruchtfolgemehrertrag (dritte Spalte) eine ganz andere Reihenfolge.
Die höchsten Mehrerträge werden im Verlauf der Fruchtfolge im Norden der DDR vom Markstammkohl erreicht, jedoch ist sein Anbau als Stoppelfrucht aus wirtschaftlichen Gründen nicht immer empfehlenswert. Die Fruchtfolgemehrleistung des Hülsenfruchtgemenges beträgt im Vergleich zur Fruchtfolge „ohne Stoppelsaat“ 12,3 dt/ha Stärkewerte. Die Sonnenblumen erzielen eine Fruchtfolgeleistung von 12,0 dt/ha Stärkewerten. Das Hülsenfruchtgemenge liefert also trotz des geringeren Ertrages als Stoppelfrucht auf Grund seiner bodenverbessernden

Tabelle 2
Fruchtfolgemehrerträge durch den Anbau von Stoppelsaaten auf besseren Böden

	Stoppelfruchtertrag dt/ha	durch Vorfruchtwirkung hervorgerufener Mehrertrag dt/ha	Gesamtmehrertrag dt/ha
a) an Stärkewerten			
Markstammkohl (gepflanzt)	16,7	+ 2,5	**19,2**
Hülsenfruchtgemenge	9,2	+ 3,1	**12,3**
Sonnenblumen	11,2	+ 0,8	**12,0**
Sonnenblumen und Leguminosen	9,7	+ 1,7	**11,4**
Phacelia	10,6	− 1,1	9,5
Senf	7,6	− 1,8	5,8
b) an verdaulichem Rohprotein			
Markstammkohl (gepflanzt)	3,61	+ 0,35	**3,96**
Hülsenfruchtgemenge	2,96	+ 0,29	**3,25**
Sonnenblumen	1,99	+ 0,15	2,14
Sonnenblumen und Leguminosen	2,56	+ 0,24	2,80
Phacelia	2,11	+ 0,04	2,15
Senf	2,15	+ 0,02	2,17

Wirkung den gleichen Stärkewertertrag innerhalb der Fruchtfolge wie die Sonnenblumen mit ihrem geringeren Vorfruchtwert.

Mit der Fruchtfolgeleistung des Hülsenfruchtgemenges sowie der Sonnenblumen steht die Fruchtfolgeleistung des Sonnenblumen-Leguminosen-Gemisches mit 11,4 dt/ha Stärkewerten auf gleicher Höhe. Der Stoppelfruchtsenf und die Phacelia bringen infolge ihrer negativen Ertragsbeeinflussung der Nachfrüchte die geringsten Fruchtfolgemehrerträge.

Bei dieser Betrachtungsweise liefern auf den besseren Böden des Küstengebietes die vier erstgenannten Stoppelfrüchte die höchsten Fruchtfolgemehrerträge; die Auswahl kann je nach den betrieblichen Voraussetzungen, wie Saatzeit, Mechanisierungsgrad, Arbeitskräftebesatz und Saatgutbeschaffung, vorgenommen werden. Im Vergleich zur Fruchtfolge „ohne Zwischenfrucht" vermögen die Sommerzwischenfrüchte im Rahmen der Gesamtfruchtfolge erhebliche Mehrerträge an verdaulichen Nährstoffen hervorzubringen. Im Endeffekt ist nicht der Nährstoffertrag der Stoppelfrüchte allein entscheidend, sondern der Gesamtertrag an verdaulichen Nährstoffen, der von den Stoppelsaaten in Verbindung mit den Mehrleistungen erzielt wird, die durch die Vorfruchtwirkung der Stoppelsaaten bei den Folgefrüchten entstehen.

3.2. Fruchtfolgemehrertrag der Stoppelfrüchte auf leichteren Böden

In gleicher Weise wie die Fruchtfolgeversuche mit Stoppelfrüchten auf besseren Böden wurden auch die auf leichteren Böden ausgewertet (Tab. 3).

Tabelle 3

Fruchtfolge-Mehrerträge durch den Anbau von Stoppelsaaten auf leichteren Böden

	Stoppelfruchtertrag dt/ha	durch Vorfruchtwirkung hervorgerufener Mehrertrag dt/ha	Gesamtmehrertrag dt/ha
a) an Stärkewerten			
Phacelia	7,7	+ 4,7	**12,4**
Felderbsen	5,8	+ 3,1	8,9
Sonnenblumen und Leguminosen	5,8	+ 2,7	8,5
Sonnenblumen	6,3	+ 1,0	7,3
Serradella und Lupinen	1,1*	+ 6,2	7,3
Serradella	0,7*	+ 5,1	5,8
Senf	5,4	− 0,2	5,2
b) an verdaulichem Rohprotein			
Phacelia	1,99	+ 0,40	2,39
Felderbsen	2,05	+ 0,32	2,37
Sonnenblumen und Leguminosen	1,89	+ 0,39	2,28
Sonnenblumen	1,35	+ 0,19	1,54
Serradella und Lupinen	0,32	+ 0,41	0,73
Serradella	0,21	+ 0,35	0,56
Senf	1,40	+ 0,15	1,55

* Die Fruchtfolgeversuche wurden unter den Verhältnissen der Praxis durchgeführt. Die Stoppelsaaten „Serradella" und „Serradella + Lupinen" brachten bei der sehr späten Aussaat keine schnittwürdigen Bestände mehr

Gegenüber der Vergleichsvariante „ohne Stoppelsaat" erzielen die Stoppelfrüchte auf leichteren Böden ebenfalls einen nennenswerten Fruchtfolgemehrertrag. Er ist bei Phacelia am höchsten und beträgt 12,4 dt/ha Stärkewerte und 2,4 dt/ha verdauliches Rohprotein. Da aber Phacelia-Saatgut noch nicht in genügendem Umfang vorhanden ist und sich die Felderbsen mit Hilfe der modernen Technik nicht einwandfrei abernten lassen, sind bei einer Aussaat Ende Juli/Anfang August das Sonnenblumen-Leguminosen-Gemisch und die Sonnenblumen die zur Zeit anbauwürdigsten Stoppelfrüchte auf den leichteren Böden.
Das Sonnenblumen-Leguminosen-Gemisch liefert einen Mehrertrag von 8,5 dt/ha Stärkewerten und 2,3 dt/ha verdaulichem Rohprotein im Verlauf der Fruchtfolge. Bei Saatgutmangel von Phacelia und Leguminosen muß auf die Sonnenblumen zurückgegriffen werden, deren Mehrertrag 7,3 dt/ha Stärkewerte und 1,5 dt/ha verdauliches Rohprotein im Vergleich zur Fruchtfolge „ohne Stoppelsaat" ausmacht. Bei einer möglichen Saatzeitvorverlegung kann bei den genannten Umweltbedingungen das Serradella-Lupinen-Gemisch oder die Serradella in Reinsaat mit Erfolg ausgesät werden. Durch den außerordentlich hohen Einfluß auf die Verbesserung der Bodenfruchtbarkeit wird durch Serradella und Lupinen ein beachtlicher Mehrertrag bei den Folgefrüchten ausgelöst.
Der Trockenmasseertrag der Stoppelsaaten auf leichteren Böden für sich betrachtet ermöglicht somit noch keine objektive Einschätzung ihrer Gesamtbedeutung. Gerade auf den leichteren Böden haben die Stoppelfrüchte eine besonders große Bedeutung für die Erhaltung der Bodenfruchtbarkeit und können wesentlich zur Verbesserung der Fruchtfolgeleistung beitragen.

3.3. Fruchtfolgemehrertrag des Stoppelklees

Wenn der zum Teil unscheinbare Ertrag des Stoppelklees bei seiner Herbstnutzung mit den Mehrerträgen in Verbindung gebracht wird, die durch seine gute Vorfruchtwirkung bei den Folgefrüchten entstehen und die ein Beweis für seinen großen Einfluß auf die Verbesserung der Bodenfruchtbarkeit sind, läßt sich der Mehrertrag bestimmen, der durch den Anbau des Zwischenfruchtklees hervorgerufen wird und der als „Fruchtfolgeleistung des Stoppelklees" bezeichnet werden kann (Tab. 4).
In den Fruchtfolgen mit Zwischenfruchtklee werden gegenüber der Fruchtfolge „ohne Stoppelklee" erhebliche Mehrerträge an verdaulichen Nährstoffen erzeugt. Diese Mehrerträge bestehen etwa zur Hälfte aus dem Ertrag der Stoppelklee-Herbstnutzung, zur anderen Hälfte aber aus der durch die Vorfruchtwirkung des Zwischenfruchtklees entstandenen Ertragserhöhung.
Der aus dem Gesamtertrag der Fruchtfolge berechnete Mehrertrag gegenüber der Fruchtfolge „ohne Stoppelklee" fällt bei der Variante „Rotklee + Welsches Weidelgras" mit nahezu 12 dt/ha Stärkewerten und 2,2 dt/ha verdaulichem Rohprotein am höchsten aus. Er beruht auf einem Stoppelklee-Ertrag von 5,6 dt/ha Stärkewerten und 1,6 dt/ha verdaulichem Rohprotein sowie auf einem Ertragszuwachs von 6,2 dt/ha Stärkewerten und 0,6 dt/ha verdaulichem Rohprotein, der durch die bodenfruchtbarkeitsverbessernde Wirkung dieses Kleegrasgemisches hervorgerufen wurde.

Tabelle 4
Fruchtfolgemehrerträge durch den Anbau von Stoppelklee

	Stoppelklee-ertrag dt/ha	durch Vorfrucht-wirkung hervor-gerufener Mehr-ertrag dt/ha	Gesamt-mehr-ertrag dt/ha
a) an Stärkewerten			
Rotklee + Welsches Weidelgras	5,6	+ 6,2	11,8
Weißklee	4,9	+ 6,0	10,9
Kleegemisch	5,3	+ 5,6	10,9
Kleegemisch und Welsches Weidelgras	5,3	+ 4,3	9,6
Rotklee	5,4	+ 3,9	9,3
b) an verdaulichem Rohprotein			
Rotklee + Welsches Weidelgras	1,56	+ 0,62	2,18
Weißklee	1,68	+ 0,63	2,31
Kleegemisch	1,62	+ 0,58	2,20
Kleegemisch + Welsches Weidelgras	1,17	+ 0,52	2,23
Rotklee	1,51	+ 0,49	2,00

Der Anbau von Weißklee als Stoppelklee bewirkt einen Fruchtfolgemehrertrag von rund 11 dt/ha Stärkewerten und 2,3 dt/ha verdaulichem Rohprotein, wobei der Zwischenfruchtklee 4,9 dt/ha Stärkewerte und 1,7 dt/ha verdauliches Rohprotein lieferte. Durch die bodenfruchtbarkeitsfördernde Wirkung des Weißklees werden die Nachfruchterträge um 6,0 dt/ha Stärkewerte und 0,6 dt/ha verdauliches Rohprotein erhöht.

Durch den Anbau des Stoppelklees wird der Ertrag der Fruchtfolgen durchschnittlich um 9,3 bis 11,8 dt/ha Stärkewerte und um 2,0 bis 2,3 dt/ha verdauliches Rohprotein verbessert. Dieser Stärkewertmehrertrag ist einer halben Getreideernte gleichzusetzen; im Hinblick auf den Nährwert lassen sich je Hektar Stoppelklee 2000 kg Milch (einschließlich Erhaltung) mehr produzieren. Dieser erhebliche Mehrertrag wird dadurch erreicht, daß in der Fruchtfolge zwischen Winterroggen und den nachfolgenden Kartoffeln lediglich eine Zwischenfruchtnutzung aus Stoppelklee eingeschaltet wird, die außer der Saat keine weiteren Kosten erfordert. Der Stoppelklee zählt unter den norddeutschen Klima- und Bodenverhältnissen zu den leistungsfähigen Sommerzwischenfrüchten mit einer hohen, bodenfruchtbarkeitsverbessernden Wirkung.

3.4. Ertragreichste Sommerzwischenfrüchte

Wenn man davon ausgeht, daß für die Beurteilung einer Stoppelfruchtpflanze sowohl der Futterertrag als auch der vorfruchtbedingte Mehrertrag berücksichtigt werden müssen, können von den leistungsfähigsten Sommerzwischenfrüchten die in Tabelle 5 angegebenen Fruchtfolgemehrerträge erzielt werden.

Tabelle 5

Fruchtfolgeleistung der ertragreichsten Sommerzwischenfrüchte

Sommerzwischenfrüchte	N-Düngung zur Stoppelfrucht kg/ha	Fruchtfolgemehrertrag Stärkewert dt/ha	verd. Rohprot. dt/ha
a) Stoppelsaaten auf besserem Boden			
Markstammkohl, gepflanzt	80	19,2	4,0
Hülsenfruchtgemenge	20	12,3	3,3
Sonnenblumen	80	12,0	2,1
Sonnenblumen und Leguminosen	40	11,4	2,8
b) Stoppelsaaten auf leichterem Boden			
Phacelia	60	12,4	2,4
Sonnenblumen und Leguminosen	40	8,5	2,3
Sonnenblumen	80	7,3	1,5
c) Stoppelklee			
Rotklee und Welsches Weidelgras	0	11,8	2,2
Weißklee	0	10,9	2,3
Kleegemisch	0	10,9	2,2
Kleegemisch und Welsches Weidelgras	0	9,6	2,2
Rotklee	0	9,3	2,0

Bei Beachtung der erforderlichen Anbauvoraussetzungen, wie

a) einer entsprechend den Gegebenheiten möglichst frühen Aussaatzeit,

b) einer für die Stoppelfrüchte notwendigen Nährstoffversorgung,

c) einer mitteltiefen Bodenbearbeitung und sorgfältigen Saatbettbereitung,

d) einer Auswahl der Stoppelfrüchte nach Bodenart und Aussaatzeit,

ergibt sich durch den Anbau der Stoppelfrüchte ein erheblicher Mehrertrag an verdaulichen Nährstoffen. Im Durchschnitt der in Tabelle 5 aufgeführten Sommerzwischenfrüchte beträgt der Fruchtfolgemehrertrag über 11 dt/ha Stärkewerte und erreicht damit eine für die kurze Wachstumszeit der Stoppelfrüchte bemerkenswerte Höhe.

Auf den besseren Böden erzielt der gepflanzte Markstammkohl bei einem frühen Pflanztermin mit einem Stickstoffaufwand von 80 kg/ha den höchsten Fruchtfolgemehrertrag, der aber mit einem zusätzlichen AK-Aufwand beim Pflanzen mit der Pflanzmaschine und mit zusätzlicher Pflege erkauft werden muß. — Das Hülsenfruchtgemenge liefert in Verbindung mit seiner bodenfruchtbarkeitsverbessernden Wirkung den nächsthöheren Gesamtertrag an verdaulichen Nährstoffen, jedoch muß auf die hohen Saatgutkosten dieses Gemenges aufmerksam gemacht werden.

Auf den leichteren Böden erreicht Phacelia den besten Mehrertrag innerhalb der Fruchtfolge, deren Samengewinnung z. Z. aber noch auf gewisse Schwierigkeiten stößt.

Auf den besseren und leichteren Bodenarten haben daher die Sonnenblumen in Reinsaat und das Sonnenblumen-Leguminosen-Gemisch die größte Anbaubedeutung. Für das Sonnenblumen-Leguminosen-Gemisch kann eine Aussaatmenge von 10 bis 15 kg/ha Sonnenblumen, 60 kg/ha Sommerwicken und 130 kg/ha Felderbsen empfohlen werden. Der für die Sonnenblumen in Reinsaat erforderliche hohe Stickstoffaufwand wird durch die Beimischung von Felderbsen und Sommerwicken auf 40 kg/ha N gesenkt. Durch den Mischanbau von Sonnenblumen und Leguminosen lassen sich zugleich Futterwert und Anbausicherheit in beachtlichem Umfang verbessern.

Durch den großen Einfluß des Stoppelklees auf die Verbesserung der Bodenfruchtbarkeit liegt sein Fruchtfolgemehrertrag genauso hoch wie die Gesamtfruchtfolgeleistungen der eigentlichen Stoppelsaaten. Somit kommt dem Anbau des Stoppelklees unter den Standortbedingungen der kleefähigen Böden Mecklenburgs eine zumindest ebenso große Bedeutung wie dem Anbau der Stoppelsaaten zu.

Zusammenfassung

1. In umfangreichen Fruchtfolgeversuchen wurden von 21 verschiedenen Sommerzwischenfrüchten die ertragreichsten Pflanzen und Pflanzengemische der Stoppelsaaten für bessere und leichtere Böden sowie des Zwischenfruchtklees ermittelt.
2. Die Prüfung erstreckte sich auf die Mehrerträge an verdaulichen Nährstoffen, die innerhalb der Fruchtfolge durch den Sommerzwischenfruchtfutterbau zu erreichen sind.
3. Für die Bestimmung der Gesamtleistung der Stoppelfrüchte wurde neben dem Futterertrag der Sommerzwischenfrüchte auch der vorfruchtbedingte Mehrertrag der Nachfrüchte herangezogen.
4. Der vorfruchtbedingte Mehrertrag entspricht dem Einfluß, den die einzelnen Stoppelfrüchte über ihre Wurzelrückstände auf die Bodenfruchtbarkeit ausüben. Er kann durch den Ertragsvergleich von Fruchtfolgen mit und ohne Stoppelfruchtbau bestimmt werden.
5. Die Untersuchungen ergaben, daß für die Beurteilung einer Stoppelfruchtpflanze nicht allein ihr Futterertrag entscheidend ist, sondern der Gesamtertrag an verdaulichen Nährstoffen, den die Stoppelfrucht in Verbindung mit ihrem Einfluß auf die Bodenfruchtbarkeit erreicht und der in ihrer Fruchtfolgeleistung zum Ausdruck kommt.
6. Die nach diesen Gesichtspunkten ertragreichsten Sommerzwischenfrüchte wurden herausgestellt und zum Anbau empfohlen.

Резюме

Наименование работы: Влияние яровых промежуточных культур на повышение продуктивности севооборота

1. В многочисленных опытах с севооборотами из 21 яровой промежуточной культуры были выбраны наиболее урожайные культуры и смеси культур для пожнивных посевов на средних и легких почвах, а также для пожнивного выращивания клевера.
2. В исследования было включено изучение прибавок урожая переваримых питательных веществ, которые можно получать путем возделывания яровых промежуточных культур.
3. Для определения общей продуктивности пожнивных культур кроме урожая кормов учитывалась прибавка урожая последующей культуры, вызванная действием предшественника.
4. Прибавки урожая, вызванные действием предшественника соответствуют тому влиянию, которое оказывают различные пожнивные культуры своими корневыми остатками на плодородие почвы. Эти прибавки урожая могут быть определены путем сравнения продуктивности севооборотов с пожнивными культурами и без них.

5. Исследования показали, что для оценки пожнивной культуры решающим не может быть только урожай корма, а общее количество питательных веществ, которое дает эта культура и ее влияние на плодородие почвы, проявляющееся в общей продуктивности севооборота.
6. Исходя из этих соображений, были выявлены наиболее урожайные яровые промежуточные культуры, и они рекомендуются для возделывания.

Summary

Title of the paper: The influence of summer-intercrops on the increase of the crop rotation yield
1. Twenty-one summer-intercrops were included in extensive crop rotation tests in which the plants and stubble-seed plant mixtures most productive for better or lighter soils were found out. Intercrop clover was included.
2. The tests covered also additional yields of digestible nutrients achievable through forage cultivation in summer intercropping in one and the same rotation.
3. The yield total of stubble crops was determined not only by the fodder yield obtained from the summer-intercrops, but also by the additional yield obtained from the secondary crops which would depend on the preceding crop.
4. The additional yield which depends on the preceding crop was found to be equal to the influence exerted by the stubble crops through their root residues on the soil fertility. This additional yield may be determined also by yield comparison between crop rotations with stubble crop cultivation and those without it.
5. The tests would suggest that the valuation of a stubble crop should be based not only on the latter's fodder yield, but also on the yield total of digestible nutrients reached by that stubble crop in relation to its influence on soil fertility and expressed by its crop rotation result.
6. The summer-intercrops, highest-yield according to these aspects, were pointed out and recommended for cultivation.

Literatur

Baltzer, H.: Untersuchungen über den Vorfruchtwert und Kulturwert einiger Zwischenfrüchte. Friedr.-Schiller-Univ. Jena, Diss. 1957, 66 S.

Bartels, A.: Versuchs- und Untersuchungsergebnisse über die wichtigsten Sommerzwischenfruchtfutterpflanzen in Norddeutschland und deren Einfluß auf Ertrag und Nährstoffgehalt der Nachfrüchte. Univ. Rostock, Diss. 1962, 151 S.,

Bartels, A.: Der Einfluß der Sommerzwischenfrüchte auf die Bodenfruchtbarkeit. Dt. Landwirtsch. 15 (1964), S. 345—348

Köhnlein, J.: Die Ernte- und Wurzelrückstände und ihre Bedeutung für Vorfruchtwirkung und Bodenfruchtbarkeit. Phosphorsäure 15 (1955), S. 15—30

Könekamp, A.: Der Zwischenfruchtfutterbau. 3. Aufl., Stuttgart, Verl. Ulmer, 1948

Koss, U.: Sommerzwischenfruchtbau unter versch. Umweltsbedingungen Mitteldeutschlands. Vortrag Sektion 10 Dt. Akad. Landwirtsch.-Wiss. Berlin, 27. 4. 1960

Kress, H.: Besonderheiten des Zwischenfruchtfutterbaues im maritimen Klimagebiet. Dt. Landwirtsch. 6 (1955), S. 270—274

Kress, H.; Wustrack, H. J.: Der Futterkohl und seine Bedeutung im sozialistischen landwirtschaftlichen Großbetrieb. Dt. Landwirtsch. 13 (1962), S. 227—230

Lüddecke, F.; Schadereit, G.: Leistung und Aufwand im Anbau der wichtigsten Feldfutterpflanzen auf den mittleren mecklenburgischen Böden. Rostock 1961, 93 S.

Möller, H. J.: Untersuchungen über die Eignung von Neuzüchtungen für den Sommerzwischenfruchtbau in Schleswig-Holstein. Univ. Gießen, Diss. 1954

NEHRING, K.: Lehrbuch der Tierernährung und Futtermittelkunde. 7. Aufl., Verl. Neumann, 1959

PÄTZOLD, H.: Untersuchungen über den Vorfruchtwert von Rotklee, verschiedenen Gräsern und Kleegrasgemischen. Dt. Landwirtsch. 7 (1956), S. 320–325

REICHELT, G.: Ökologische Anbauversuche mit Neuzüchtungen für den Stoppelfruchtfutterbau. Univ. Gießen, Diss. 1955, 78 S.

RUBACH, G.: Untersuchungen über den Wert der Phacelia als Futterpflanze. Friedr.-Schiller-Univ. Jena, Diss. 1960, 103 S.

RÜBENSAM, E.: Steigerung der Pflanzenerträge durch Hebung der Bodenfruchtbarkeit. Dt. Landwirtsch. 11 (1960), S. 262–265

RÜBENSAM, E.; SIMON, W.: Der Einfluß von Futterpflanzen als Haupt- und Zwischenfrüchte auf die Erträge und die Fruchtbarkeit verschiedener Böden. Thaer-Arch. 5 (1961), S. 687–704

RÜTHER, H.: Der Zwischenfruchtbau im mitteldeutschen Trockengebiet I und II. Dt. Landwirtsch. 6 (1955), S. 64–67 u. 125–129

SCHIEBLICH, J.: Futterpflanzenneuzüchtungen. IV. Phacelia. Dt. Landwirtsch. 8 (1957), S. 19–21

SIMON, W.: Einfluß der Zwischenfrüchte auf sandigen Böden auf die Erträge der Nachfrüchte und auf die Bodenfruchtbarkeit. Dt. Landwirtsch. 13 (1962), S. 255

SPECHT, G.: Über die Ergebnisse von Sommerzwischenfruchtversuchen. Z. landwirtsch. Versuchs.- u. Untersuchungswes. 1 (1955), S. 160–169

STEIKHARDT, H. G.: Ergebnisse mehrjähriger Stoppelfruchtversuche. Dt. Landwirtsch. 11 (1960), S. 291–293

TIEMANN, A.: Feldfutter- und Zwischenfruchtbau. In: Handbuch der Landwirtsch. Bd. 2, Verl. Parey, 1953

VETTER, H.: Die Ernterückstände der wichtigsten Kulturpflanzen. Dt. Landwirtsch. 6 (1955), S. 68–72

Anschrift des Verfassers
Dr. ALBERT BARTELS
Institut für Pädagogik, Abt. Agrarpädagogik,
der Universität Rostock
25 Rostock, Kröpeliner Straße 26

Aus dem Institut für Rübenforschung Kleinwanzleben
der Deutschen Akademie der Landwirtschaftswissenschaften zu Berlin

DIETER SUMPF, KLAUS FÜRSTE und WOLFGANG FÜRSTE

Weitere Ergebnisse der Prüfung eines Zuckerrübensortiments[1]

Eingegangen: 1. 4. 1966

In dieser Arbeit werden die Ergebnisse der Leistungsprüfung des Zuckerrübensortiments in Kleinwanzleben bis zum Jahre 1963 mitgeteilt. Es handelt sich um die Weiterführung der von FÜRSTE und ENDERLEIN (1962) veröffentlichten Prüfserie, so daß nunmehr eine zusammenfassende Auswertung der Untersuchungsergebnisse für die Zeit von 1958 bis 1963 möglich ist. Auf die Wiedergabe der Ergebnisse der einzelnen Jahre wurde wegen einer besseren Übersichtlichkeit verzichtet. In die Tabellen wurden lediglich die Sortenmittelwerte aus jeweils mehreren Jahren aufgenommen[2]. Eine Gruppierung der Sorten nach Zuchtrichtung erfolgte nicht mehr. Als Gruppierungsmerkmal dienten Genomstufe und Früchtigkeit der Sorten, so daß zwischen polyploiden polykarpen, diploiden polykarpen und diploiden monokarpen Sorten unterschieden wurde. Dabei handelt es sich bei polyploiden Sorten vornehmlich um anisoploide aus der Kreuzung von diploiden und tetraploiden. Neu aufgenommen wurde außerdem der Schosseranteil unter Zusammenfassung von Früh- und Spätschossern und die Zuckerausbeute. Im Zeitraum von 1961 bis 1963 wurden 43 Sorten aus 10 Ländern geprüft, für die sechsjährige Prüfung von 1958 bis 1963 lagen die Ergebnisse von 29 Sorten aus 8 Ländern vor. Da 19 Sorten aus 7 Ländern nur in den Jahren von 1958 bis 1962 in Prüfung standen, wurden auch diese fünfjährigen Ergebnisse in einer Tabelle zusammengefaßt.

Als Versuchsanlage wurde in allen Jahren die Doppelstandardmethode mit vier Wiederholungen und einer Parzellengröße von 12,5 m^2 benutzt. Soweit vorhanden, wurde Saatgut für die mehrjährige Prüfung jeweils derselben Partie entnommen. Saatbettvorbereitung und Düngung waren ortsüblich. Wie bei der ersten Prüfserie wurden Rübenertrag, Zuckergehalt, lösliche Asche (konduktometrisch), in verschiedenen Jahren Blauzahl-Stickstoff (kolorimetrisch), Krautertrag und Schoßanteil ermittelt. Asche- und Stickstoffgehalt wurden nicht in die Tabellen aufgenommen, stattdessen erfolgte die Angabe der Zuckerausbeute nach SOMMER (1958) Rübenertrag x (Zuckergehalt — 1,1 — 3,6 Asche). Der Standort, ein für den Rübenanbau sehr gut geeigneter Lößboden der Magdeburger Börde, hatte eine Bodenwertzahl zwischen 85 und 98 in den einzelnen Jahren.

Mit der Wiedergabe dieser Ergebnisse ist ein gewisser Abschluß erreicht, da die Prüfung polykarper Sorten im Sortiment, bis auf Vergleichssorten, eingeschränkt und durch monokarpe diploide und polyploide Sorten ersetzt wurde.

[1] Vgl. auch FÜRSTE, W., u. ENDERLEIN, G.: Ergebnisse und statistische Auswertung der Prüfung eines internationalen Zuckerrübensortiments in den Jahren 1958 bis 1960. Zuckererzeugung 8 (1962), S. 62–67
[2] Wir sind gern bereit, alle Einzelwerte zur Einsichtnahme zur Verfügung zu stellen

1. Witterung

Der Witterungsverlauf für die Jahre 1958 bis 1960 ist in der Arbeit von FÜRSTE und ENDERLEIN (1962) beschrieben. Wie für diese Jahre konnte man auch für die Versuchsjahre 1961 bis 1963 einen recht unterschiedlichen Witterungsverlauf beobachten. Das Jahr 1961 war durch eine lange Vegetationsperiode gekennzeichnet. Durch milde, wenn auch niederschlagreiche Witterung im März war eine zeitige Bestellung des Versuchsfeldes möglich. Zu Beginn der Vegetation im April lagen Temperatur und Niederschlag überdurchschnittlich hoch, so daß die Rüben gute Entwicklung zeigten. Der Vorsommer zeichnete sich durch zu kühle Temperaturen und reichliche Niederschläge bei großer Niederschlagshäufigkeit besonders im Juli aus. Während der Periode des Hauptwachstums wurden im August ebenfalls niedrigere Temperaturen und höhere Niederschläge als normal gemessen. Die Monate September und Oktober waren dagegen warm und trocken. Es wurden mittlere Rüben- und Krauterträge bei hohem Zuckergehalt erzielt.
Im Jahre 1962 konnte die Bestellung erst gegen Mitte April vorgenommen werden. Bis zu diesem Zeitpunkt war die Witterung kalt und niederschlagreich. Die folgenden Vegetationsmonate, bis einschließlich September, waren ebenfalls zu kalt und besonders im Juli, August und September zu trocken. Die um 1 bis 2 °C im Vergleich zum langjährigen Mittel geringere Tagesmitteltemperatur in den Monaten Mai bis Juli hatte zur Folge, daß erhebliche Schoßanteile auftraten. Das Wachstum der Rüben war durch den Witterungsverlauf dieses Jahres gehemmt, so daß nur mittlere Erträge bei mittlerem Zuckergehalt erhalten wurden.
Trotz hoher Schneedecke, die erst im März des Jahres 1963 aufgetaut war, konnte bereits Anfang April mit der Rübenbestellung begonnen werden. Die Witterung war auch in diesem Jahr, besonders in den Monaten Mai, Juli und September trocken. Überdurchschnittlich hohe Niederschläge wurden im August registriert. Die mittlere Lufttemperatur lag während der gesamten Vegetationszeit über dem langjährigen Mittel. Es wurden hohe Rüben- und Krauterträge bei geringem Zuckergehalt erreicht.

2. Statistische Auswertung und Ergebnisse

Die Auswertung erfolgte im Hinblick auf den multiplen Mittelwertvergleich mit einer vergleichsbezogenen Irrtumswahrscheinlichkeit über die Restvarianzen der einzelnen Versuchsjahre.
Der Bodenausgleich wurde in den einzelnen Versuchsjahren auf Grund einer sogenannten Bodenfruchtbarkeitskurve, wie bei der Doppelstandardmethode üblich, vorgenommen (BRANDT, 1951).
Aus den von Bodeneinflüssen korrigierten Ertragswerten wurden mittels einfacher Varianzanalysen die Restvarianzen der einzelnen Versuchsjahre ermittelt. Zur Auswertung wurde nicht die zweifache Varianzanalyse mit den Faktoren Sorten und Jahre herangezogen, da erstens keine Homogenität der Varianzen der einzelnen Jahre und zweitens durch ungleiche Klassenbesetzung keine Orthogonalität vorlag. Die Grenzdifferenzen zum paarweisen Vergleich der Sortenmittelwerte aus mehreren Versuchsjahren wurden, wie von FÜRSTE und ENDERLEIN (1962) vorgeschlagen, nach dem Fehlerfortpflanzungsgesetz und dem approximativen t-Test berechnet, wobei mit $FG = \infty$ auch bei den vorliegenden Zusammenstellungen eine gute Näherung erreicht werden kann.
Als Irrtumswahrscheinlichkeit wurden $\alpha = 0{,}05$; 0,01 und 0,001 vorgegeben. Die Versuche wurden in allen Jahren mit $n = 4$ Wiederholungen angelegt. Da bei einigen Sorten in verschiedenen Jahren eine Wiederholung ausgefallen ist, wurde

der Einfachheit wegen, um auf der sicheren Seite zu bleiben, in Tabelle 2 für mn = 23 (m: Anzahl der Jahre) und in Tabelle 3 für mn = 19 gesetzt. Die Sorten, die in den Tabellen aufgeführt sind, wurden innerhalb der Ploidiestufen bzw. Früchtigkeitsgrade nach der Komponente Zuckerertrag geordnet.

In Tabelle 1 sind die Ergebnisse aus den Jahren 1961 bis 1963 als Anschluß an die bereits veröffentlichten Werte der Jahre 1958 bis 1960 zusammengestellt. Betrachtet man die Gruppenmittel von polyploiden polykarpen, diploiden polykarpen und diploiden monokarpen Sorten, so ergeben sich im Rübenertrag nur zwischen den Gruppenmittelwerten von diploiden polykarpen und diploiden monokarpen Sorten keine signifikanten Unterschiede. Bei den polyploiden polykarpen bilden die Sorten „X-E-polyploid", „Multmedia", „Multverna" und „Polybeta" in bezug auf den Rübenertrag eine Spitzengruppe. In der Gruppe der diploiden polykarpen liegen die Sorten „Plenta", „Dieckmanns-Maxima", „Webb's Nr. 2" und „Bush N" an der Spitze. In der Gruppe der diploiden monokarpen bringt die monodikarpe Sorte „Dimona" mit Abstand den höchsten Rübenertrag. Die absolut höchsten Erträge werden innerhalb der diploiden Sorten erreicht.

In der Komponente Zuckergehalt ist im Hinblick auf die Gruppenmittel ein Anstieg von den diploiden monokarpen über die diploiden polykarpen zu den polyploiden polykarpen Sorten feststellbar. Die Differenz zwischen den Gruppenmittelwerten von diploiden monokarpen und polyploiden Sorten beträgt im Zuckergehalt 0,8 °S (signifikant bei $\alpha = 0{,}001$). Die Leistungen im biologischen Zuckerertrag und in der Zuckerausbeute folgen dieser Tendenz. Hier betragen die angeführten Differenzen 4,6 dt/ha im Zuckerertrag und 4,8 dt/ha in der Zuckerausbeute (beide signifikant bei $\alpha = 0{,}001$). Sorten mit Höchstleistungen im Zuckerertrag sind in allen drei Gruppen vertreten.

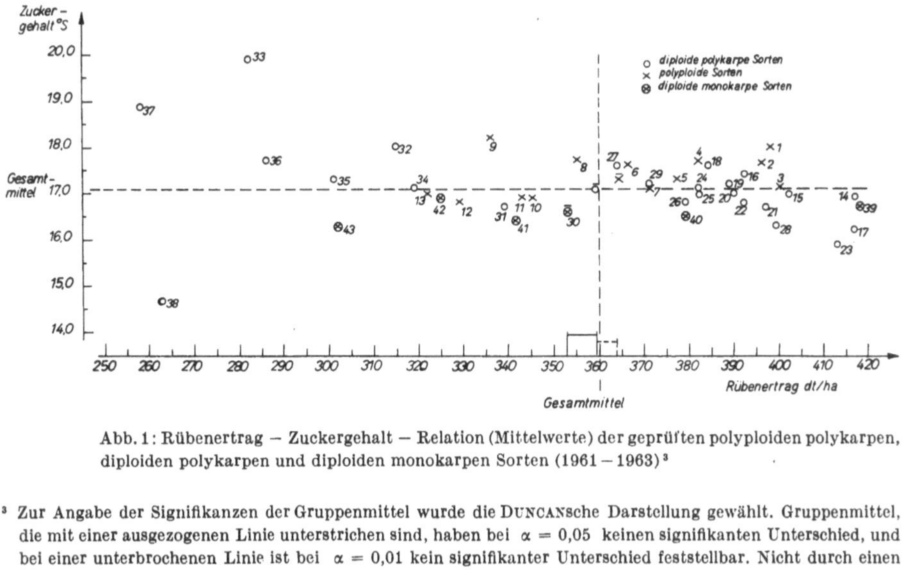

Abb. 1: Rübenertrag – Zuckergehalt – Relation (Mittelwerte) der geprüften polyploiden polykarpen, diploiden polykarpen und diploiden monokarpen Sorten (1961 – 1963)[3]

[3] Zur Angabe der Signifikanzen der Gruppenmittel wurde die DUNCANsche Darstellung gewählt. Gruppenmittel, die mit einer ausgezogenen Linie unterstrichen sind, haben bei $\alpha = 0{,}05$ keinen signifikanten Unterschied, und bei einer unterbrochenen Linie ist bei $\alpha = 0{,}01$ kein signifikanter Unterschied feststellbar. Nicht durch einen zusammenhängenden Linienzug unterstrichene Gruppenmittel sind bei $\alpha = 0{,}001$ signifikant

Tabelle 1

Zusammenstellung der Mittelwerte der 1961 bis 1963 geprüften Sorten

Lfd. Nr.	Sorte	Herkunftsland	Rübenertrag dt/ha	Rang Gesamt
1	Multmedia	DDR	398	8
2	Multverna	DDR	396	10
3	X-E-polyploid	Belgien	400	6
4	Polybeta	DBR	382	17
5	Hilleshoeg Standard Poly	Schweden	377	21
6	Poly IHAR	Polen	366	24
7	Stamm 9481 (anisoploid Cr)	DDR	371	22,5
8	Tetra Tri	Polen	355	26
9	Buszczýnski Typ P	Polen	336	32
10	Beta Poly 4	Ungarn	345	28
11	Beta Poly 3	Ungarn	343	29
12	Beta Poly 2	Ungarn	329	33
13	Beta Poly 1	Ungarn	322	35
	Mittel (polyploide polykarpe Sorten)		364	
14	Plenta	DDR	417	2,5
15	Bush N	England	402	5
16	Media	DDR	392	11,5
17	Dieckmanns Maxima	DBR	417	2,5
18	Dieckmanns Superia	DBR	384	15
19	Schreibers Thuringia	DBR	389	14
20	Garton's St. C	England	390	13
21	Bush E	England	397	9
22	Dobrovice E	ČSSR	392	11,5
23	Webb's Nr. 2	England	413	4
24	Battle's N	England	382	17
25	Dieckmanns Optima	DBR	382	17
26	Uladovskaja 752	UdSSR	379	19,5
27	Dobrovice Z (C)	ČSSR	364	25
28	Battle's E	England	399	7
29	Dobrovice N	ČSSR	371	22,5
30	Beta K 91	Ungarn	353	27
31	Beta 242–53 diploid	Ungarn	339	31
32	AJ 3	Polen	315	37
33	AJ 1	Polen	282	41
34	Ivanovskaja 1745	UdSSR	319	36
35	MW 491	USA	301	39
36	Dobrovice ZZ	ČSSR	286	40
37	Buszczýnski MLR	Polen	258	43
38	MW 131	USA	263	42
	Mittel (diploide polykarpe Sorten)		359	
39	Dimona	DDR	418	1
40	Mona	DDR	379	19,5
41	Belocerkovskaja odn.	UdSSR	342	30
42	Jaltuškovskaja odn.	UdSSR	325	34
43	HH 12	USA	302	38
	Mittel (diploide monokarpe Sorten)		353	

Zuckergehalt °S	Rang Gesamt	Zuckerertrag dt/ha	Rang Gesamt	Zuckerausbeute dt/ha	Rang Gesamt	Krautertrag dt/ha	Rang Gesamt	Schosser %
18,0	4,5	71,2	1	60,5	1	459	22	0,1
17,7	7,5	70,5	2	59,5	2	450	24,5	0
17,1	19,5	67,8	7	56,4	8	475	16,0	0
17,7	7,5	67,5	8	56,7	7	442	31	0,1
17,3	14,5	65,1	17	54,2	15	413	39	0
17,6	11	64,1	19,5	53,9	18,5	511	1	2,1
17,1	19,5	63,5	23,5	52,7	23	478	13	0
17,7	7,5	62,6	26	52,5	24,5	477	14	0,9
18,2	3	61,6	27	52,5	24,5	409	40	3,4
16,9	27,5	58,2	29	48,3	31	469	20	1,4
16,9	27,5	56,9	30	46,7	33	458	23	1,7
16,8	31	55,1	35	45,6	35	505	2	0,6
17,0	23,5	53,8	38	45,5	36	497	4	0,5
17,4		62,9		52,7		465		
16,9	27,5	70,0	3,4	58,6	3	484	9,5	0
17,0	23,5	68,3	5	57,0	6	445	28	0,1
17,4	13	68,1	6	57,4	4	479	12	0,1
16,2	41	67,3	9	55,0	12,5	503	3	0,3
17,6	11	67,2	10	56,3	9	469	20	0
17,2	16,5	66,3	11	55,4	10	485	7,5	0,8
17,0	23,5	66,1	12	55,1	11	446	26,5	0
16,7	34	66,0	13	55,0	12,5	482	11	0
16,8	31	65,6	14	53,9	18,5	442	31	0,2
15,9	42	65,5	15	52,4	26	425	36	0,1
17,1	19,5	65,2	16	54,5	14	476	15	0
17,0	23,5	64,7	18	54,1	16	484	9,5	0,3
16,8	31	64,1	19,5	53,3	20	441	33	1,3
17,6	11	64,0	21	54,0	17	438	34	0,3
16,3	39,5	63,9	22	52,8	21,5	474	17	0
17,2	16,5	63,5	23,5	52,8	21,5	420	37,5	0,3
16,6	36	58,6	28	48,4	30	402	41	2,4
16,7	34	56,8	31	47,4	32	469	20	1,2
18,0	4,5	56,5	32	48,7	29	492	6	2,3
19,9	1	55,9	33	49,0	28	444	29	0,8
17,1	19,5	54,4	37	45,7	34	435	35	11,0
17,3	14,5	51,9	39	43,5	39	450	24,5	2,9
17,7	7.5	50,6	40	42.8	40	388	42	0,8
18,9	2	48,8	42	40,1	42	382	43	11,5
14,7	43	43,4	43	34,8	43	420	37,5	21,5
17,1		61,3		51.1		451		
16,7	34	70,1	3	57,2	5	472	18	4,1
16,5	37	62,8	25	51,8	27	493	5	2,6
16,4	38	55,8	34	44,7	37	446	26,5	10,0
16,9	27,5	54,7	36	44,6	38	442	31	7,2
16,3	39,5	49,1	41	41,4	41	485	7,5	2,5
16,6		58,3		47,9		468		

Tabelle 1 (Fortsetzung)

Lfd. Nr.	Sorte	Herkunftsland	Rübenertrag dt/ha	Rang Gesamt
	Gesamtmittel aus 43 Sorten		360	
	Restvarianz		494	
	Grenzdifferenzen für den Vergleich zweier Sortenmittelwerte	GD 5 %	17,8	
		1%	23,4	
		0,1%	29,8	
	Grenzdifferenzen für den Vergleich eines Sortenmittelwertes mit dem Gesamtmittel aus 43 Sorten	GD 5 %	12,4	
		1 %	16,4	
		0,1%	20,9	
	Grenzdifferenzen für den Vergleich der Gruppenmittelwerte von polyploiden polykarpen und diploiden polykarpen Sorten	GD 5 %	4,3	
		1 %	5,7	
		0,1%	7,2	
	Grenzdifferenzen für den Vergleich der Gruppenmittelwerte von polyploiden polykarpen und diploiden monokarpen Sorten	GD 5 %	6,6	
		1 %	8,7	
		0,1%	11,1	
	Grenzdifferenzen für den Vergleich der Gruppenmittelwerte von diploiden polykarpen und diploiden monokarpen Sorten	GD 5 %	6,2	
		1 %	8,1	
		0,1%	10,3	

Ein Vergleich mit dem Gesamtmittel aus allen 43 Sorten zeigt, daß die geprüften diploiden monokarpen Sorten im Gruppenmittel niedrigen Rübenertrag mit geringem Zuckergehalt verbinden (Abb. 1). Das Mittel der polyploiden Sorten übertrifft das Gesamtmittel sowohl im Rübenertrag als auch im Zuckergehalt und stellt damit eine sehr günstige Kombination dieser beiden Komponenten dar. Die diploiden polykarpen Sorten nehmen eine Mittelstellung ein.

Abbildung 1 läßt weiterhin eine große Variabilität der Beziehungen zwischen Rübenertrag und Zuckergehalt für die einzelnen Sorten erkennen; nur die polyploiden Sorten (x) weisen sehr günstige Werte auf. Zur Kennzeichnung der Sortenmittelwerte wurden die laufenden Nummern der Tabelle 1 als Index angefügt.

Durch die kühle Witterung in den Monaten Mai und Juni des Jahres 1962 ergeben sich erhebliche Schosseranteile auch für die dreijährigen Durchschnittsergebnisse, besonders bei den Sorten aus den USA, Polen und der UdSSR. Auffallend ist, daß alle geprüften diploiden monokarpen Sorten vergleichsweise hohe Schosseranteile aufweisen.

Im Rübenkrautertrag bestehen lediglich zwischen den Gruppenmittelwerten von polyploiden und diploiden monokarpen Sorten keine signifikanten Unterschiede.

Von besonderem Interesse sind die sechsjährigen Ergebnisse der Versuchsjahre von 1958 bis 1963 in Tabelle 2. Es lassen sich in diesem Falle nur die Gruppenmittel der polyploiden und diploiden polykarpen Sorten vergleichen, da die diploiden monokarpen nur mit einer Sorte vertreten sind. Im Rübenertrag zeigt sich der Gruppenmittelwert der diploiden polykarpen signifikant überlegen. Im Zuckergehalt besteht eine signifikante Differenz in Höhe von 0,2 °S zugunsten des Gruppenmittelwertes der polyploiden polykarpen Sorten. In der Höhe des Zuckerertrages erfolgt dadurch ein Ausgleich, so daß keine signifikante Differenz er-

Zuckergehalt °S	Rang Gesamt	Zuckerertrag dt/ha	Rang Gesamt	Zuckerausbeute dt/ha	Rang Gesamt	Krautertrag dt/ha	Rang Gesamt	Schosser %
17,1		61,4		51,2		457		
0,151		17,0		15,3		2320		
0,31		3,29		3,13		38,5		
0,41		4,33		4,12		50,7		
0,53		5,53		5,25		64,7		
0,22		2,31		2,19		26,9		
0,29		3,04		2,88		35,5		
0,37		3,88		3,67		45,2		
0,07		0,80		0,76		9,3		
0,10		1,05		1,00		12,3		
0,13		1,34		1,27		15,6		
0,12		1,23		1,16		14,3		
0,15		1,62		1,53		18,9		
0,19		2,06		1,95		24,1		
0,11		1,14		1,08		13,3		
0,14		1,50		1,43		17,6		
0,18		1,92		1,82		22,4		

kennbar ist. Der Unterschied im Krautertrag in Höhe von 9 dt/ha zugunsten der polyploiden Sorten erweist sich bei $\alpha = 0{,}05$ signifikant. In der Gruppe der polyploiden liegt „Multmedia“ an der Spitze. Bei den diploiden ergibt sich eine Spitzengruppe aus den Sorten „Plenta“, „Bush E“, „Battle's E“, „Garton's St. C“ und „Webb's Nr. 2“.

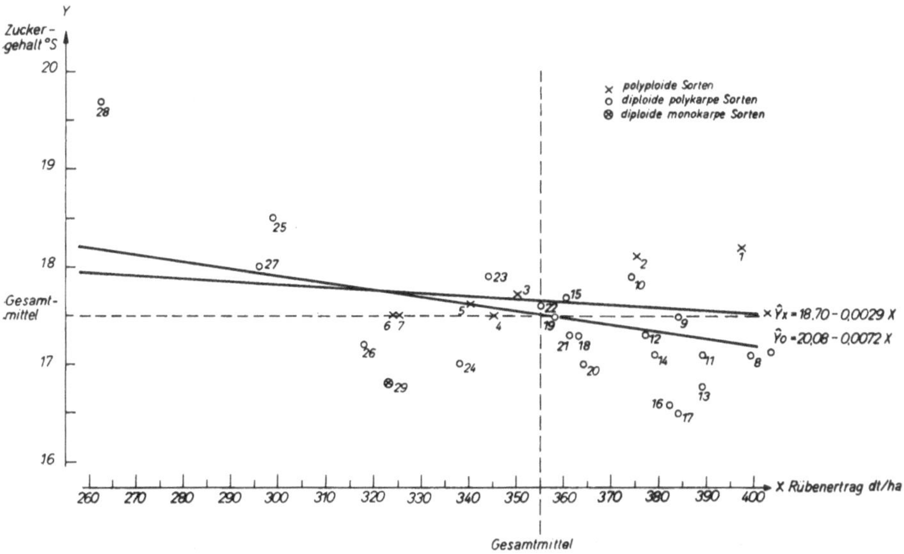

Abb. 2: Rübenertrag – Zuckergehalt – Relation (Mittelwerte und Regressionsgeraden) der geprüften polyploiden polykarpen, diploiden polykarpen und diploiden monokarpen Sorten (1958–1963)

Tabelle 2

Zusammenstellung der Mittelwerte der 1958 bis 1963 geprüften Sorten

Lfd. Nr.	Sorte	Herkunftsland	Rübenertrag dt/ha	Rang Gesamt
1	Multmedia	DDR	397	2
2	Polybeta	DBR	375	10
3	Hilleshoeg Standard Poly	Schweden	350	18
4	Beta Poly 4	Ungarn	345	19
5	Beta Poly 3	Ungarn	340	21
6	Beta Poly 2	Ungarn	324	24
7	Beta Poly 1	Ungarn	325	23
	Mittel (polyploide polykarpe Sorten)		351	
8	Plenta	DDR	399	1
9	Gartons St. C	England	384	5,5
10	Media	DDR	374	11
11	Bush E	England	389	3,5
12	Bush N	England	377	9
13	Battle's E	England	389	3,5
14	Dobrovice E	ČSSR	379	8
15	Dieckmanns Superia	DBR	360	13
16	Dieckmanns Maxima	DBR	382	7
17	Webb's Nr. 2	England	384	5,5
18	Battle's N	England	363	15
19	Dobrovice N	ČSSR	358	16
20	Uladovskaja 752	UdSSR	364	12
21	Dieckmanns Optima	DBR	361	14
22	Schreibers Thuringia	DBR	355	17
23	Dobrovice Z (C)	ČSSR	344	20
24	Beta K 91	Ungarn	338	22
25	AJ 3	Polen	299	27
26	Beta 242—53 diploid	Ungarn	318	26
27	Dobrovice ZZ	ČSSR	296	28
28	AJ 1	Polen	262	29
	Mittel (diploide polykarpe Sorten)		356	
29	Belocerkovskaja odn.	UdSSR	323	25
	Gesamtmittel aus 29 Sorten		355	
	Restvarianz		686	
	Grenzdifferenzen für den Vergleich zweier Sortenmittelwerte	GD 5 %	15,1	
		1 %	19,9	
		0,1%	25,4	
	Grenzdifferenzen für den Vergleich eines Sortenmittelwertes mit dem Gesamtmittel aus 29 Sorten	GD 5 %	10,5	
		1 %	13,8	
		0,1%	17,6	
	Grenzdifferenzen für den Vergleich der Gruppenmittelwerte von polyploiden polykarpen und diploiden polykarpen Sorten	GD 5 %	4,7	
		1 %	6,1	
		0,1%	7,8	

Zuckergehalt		Zuckerertrag		Zuckerausbeute		Krautertrag		Schosser
°S	Rang Gesamt	dt/ha	Rang Gesamt	dt/ha	Rang Gesamt	dt/ha	Rang Gesamt	%
18,2	3	71,6	1	60,5	1	399	4	0
18,1	4	67,4	3	56,9	2	373	21	0,1
17,7	8,5	61,6	18	51,6	12	344	28,5	0
17,5	14	60,1	20	50,8	18	391	8,5	1,1
17,6	10,5	58,9	21	49,2	21	386	14	1,2
17,5	14	56,4	23,5	47,3	25	411	3	0,7
17,5	14	56,4	23,5	47,8	23	414	1	0,4
17,7		61,8		52,0		388		
17,1	22	67,8	2	54,4	6	389	10,5	0
17,5	14	66,9	4	56,1	4	387	13	0,1
17,9	6,5	66,4	5	56,2	3	381	17	0,1
17,1	22	66,1	6	55,8	5	412	2	0
17,3	18	64,7	7	53,5	7,5	385	15	0,1
16,8	26,5	64,3	8	52,8	9	388	12	0
17,1	22	64,0	9	52,7	10	361	23	0,2
17,7	8,5	63,7	10	53,5	7,5	374	20	0,1
16,6	28	62,8	11	51,5	13,5	389	10,5	0,2
16,5	29	62,3	12	51,3	15,5	347	27	0,1
17,3	18	62,2	13,5	52,6	11	384	16	0,1
17,5	14	62,2	13,5	49,9	19	354	25,5	0,3
17,0	24,5	61,9	15	51,3	15,5	376	19	0,7
17,3	18	61,8	16	51,0	17	391	8,5	0,2
17,6	10,5	61,7	17	51,5	13,5	392	7	0,6
17,9	6,5	60,8	19	49,5	20	370	22	0,3
17,0	24,5	57,0	22	48,6	22	344	28,5	2,5
18,5	2	54,8	25	47,3	24	393	6	1,2
17,2	20	54,4	26	46,4	27	379	18	1,2
18,0	5	53,2	28	46,7	26	395	5	0,7
19,7	1	52,0	29	42,6	28	357	24	0,7
17,5		61,5		48,9		379		
16,8	26,5	53,8	27	41,5	29	354	25,5	9,2
17,5		61,6		51,1		380		
0,128		25,9		20,1		1737		
0,22		2,94		2,59		24,1		
0,29		3,87		3,41		31,7		
0,37		4,94		4,35		40,4		
0,14		2,04		1,80		16,7		
0,19		2,69		2,37		22,0		
0,24		3,43		3,02		28,1		
0,06		0,91		0,80		7,4		
0,08		1,20		1,05		9,8		
0,12		1,52		1,34		12,5		

Die Ursache, daß bereits sehr kleine Differenzen zwischen den Gruppenmittelwerten, wie z. B. im Zuckergehalt, sehr hoch signifikant sind, ist einmal in der sehr kleinen Zufallsvariabilität dieser Komponente und zum anderen in der großen Anzahl von Wiederholungen, die durch die Bildung von Gruppenmittelwerten entstehen, zu suchen. Beim Vergleich der Gruppenmittelwerte sind keinesfalls allgemeingültige Schlüsse über die Gruppen als solche zu ziehen. Alle diese Vergleiche sind nur im Hinblick auf die in dem Versuch geprüften Sorten und den Versuchsort Kleinwanzleben möglich. Eine Verallgemeinerung ist nicht zulässig, da die Stichprobe durch die verschiedene ökologische Streubreite der Sorten und die noch relativ wenigen Versuchsjahre nicht repräsentativ sein dürfte. Auf Grund dieser Tatsache wurde für den Vergleich der Gruppenmittelwerte nur Modell I (feste Effekte) der Varianzanalyse angesetzt. Der Vergleich gilt somit nur für die in Prüfung stehenden Sorten. Für eine Verallgemeinerung wäre Modell II (zufällige Effekte) angemessen, und zum multiplen Mittelwertvergleich sollte dann der NEWMAN-KEULS-Test angewendet werden. Sowohl in der Gruppe der polyploiden wie auch der diploiden polykarpen Sorten sind Sorten mit hohem Zuckerertrag vorhanden.

Den Punkten im Koordinatensystem der Abbildung 2 wurde, wie in Abbildung 1, die laufende Sorten-Nummer der Tabelle 2 als Index beigefügt. Weiterhin wurden die geschätzten Regressionsgeraden $Y = a + bX$ der Regression des Zuckergehaltes Y auf den Rübenertrag X für die Gruppen von polyploiden $\hat{Y}_x$ und diploiden polykarpen Sorten $\hat{Y}_0$ eingezeichnet. Zur Unterscheidung wird im folgenden durch ein Kreuz die Gruppe der polyploiden Sorten und durch einen Kreis die Gruppe der diploiden polykarpen Sorten gekennzeichnet. Eine ausführliche Darstellung der linearen Regression ist bei SUMPF (1966) gegeben. Auf Grund des Linearitätstests können die Regressionskurven für beide Gruppen als linear betrachtet werden. Die Regressionsgeraden wurden für die polyploiden Sorten aus $n_x = 148$ und für die diploiden polykarpen Sorten aus $n_0 = 512$ Einzelwerten berechnet. Man erkennt, daß bei den geprüften diploiden polykarpen Sorten mit steigendem Rübenertrag der Zuckergehalt stärker absinkt als bei den geprüften polyploiden Sorten.

$$b_0 = -0{,}0072$$
$$b_x = -0{,}0029$$

Das heißt, wenn der Rübenertrag um 10 dt/ha steigt, so sinkt der Zuckergehalt bei den geprüften diploiden polykarpen Sorten um 0,072° S und bei den geprüften polyploiden polykarpen Sorten um 0,029°S. Diese Differenz zwischen beiden Regressionskoeffizienten wurde mittels Parallelitätstest $H_0: \beta_0 = \beta_x$ geprüft und ist bei 656 Freiheitsgraden, $s_d = 0{,}0017$ und $\alpha = 0{,}05$ signifikant. Der stärkere Abfall der Regressionsgeraden bei den diploiden polykarpen Sorten ist daraus erklärbar, daß typische zuckergehaltsreiche Sorten (AJ 1 (28), AJ 3 (25), Dobrovice ZZ (27)) in dieser Gruppe enthalten sind. Für die Bestimmtheitsmaße (r^2) der linearen Ansätze wurden folgende Werte erhalten:

$B_{Y_0 \cdot x} = 0{,}169$ *** $\qquad n_0 = 512$

$B_{Y_x \cdot x} = 0{,}026$ nicht signifikant $\qquad n_x = 148$

Es ist aus diesen Bestimmtheitsmaßen eine stärkere Korrelation zwischen Rübenertrag und Zuckergehalt für die diploiden polykarpen Sorten erkennbar. Als Erklärung dafür wird angenommen, daß unter den Polyploiden mehrere Sorten sind, die den ökologischen Bedingungen des Prüfortes nur ungenügend angepaßt waren. Um die Beziehung zwischen Rübenertrag und Zuckergehalt bei den polyploiden und diploiden polykarpen Sorten weiter zu untersuchen, wurden aus jeder Gruppe jeweils zwei, die im Zuckerertrag besten Sorten, zusammenfassend analysiert. Die Einzelwerte aus den Jahren 1958 bis 1963 wurden in ein Koordinatensystem (Abb. 3) eingezeichnet und den so erhaltenen Punktwolken Regressionsgeraden für jede Gruppe angepaßt. Auch hier konnte die Regression des Zuckergehaltes Y auf den Rübenertrag X auf Grund des Linearitätstests als linear betrachtet werden. Es zeigte sich in diesem Falle, daß mit steigendem Rübenertrag der Zuckergehalt bei den zwei polyploiden Sorten etwas stärker absinkt als bei den beiden diploiden polykarpen Sorten.

$$b_0 = -0{,}0030$$
$$b_x = -0{,}0063$$

Auf Grund des Parallelitätstestes ist die Differenz $b_x - b_0$ (FG = 90, $s_d = 0{,}0028$, $\alpha = 0{,}05$) nicht signifikant, d. h., die beiden Regressionsgeraden haben in der Grundgesamtheit den gleichen Anstieg.

Um eine bessere Anpassung an die Beobachtungswerte zu erhalten, wurde zusätzlich für jede Gruppe ein Polynom 2. Grades als Regressionsfunktion gewählt. Die so erhaltenen Regressionskurven sind ebenfalls in Abbildung 3 eingezeichnet. Außerdem wurden die Mittelwerte der einzelnen Jahre angegeben.

Für die Bestimmtheitsmaße der angepaßten Kurven in Abbildung 3 wurden folgende Schätzwerte berechnet:

$B_{Y_0} \cdot x = 0{,}045$ nicht signifikant $\qquad B_{Y_x} \cdot x = 0{,}200^{**}$

$B_{Y_0} \cdot x, x^2 = 0{,}189^{**}$ $\qquad B_{Y_x} \cdot x, x^2 = 0{,}283^{***}$

Die Anpassung durch eine quadratische Funktion ist besonders bei den zwei diploiden polykarpen Sorten besser. Legt man an die Kurven der quadratischen Funktionen Tangenten, so haben die Tangenten in den Punkten des Intervalles $430 \leq X \leq 490$ für beide Kurven (Gruppen) gleichen (negativen) Anstieg, und nur für $X \geq 500$ liegt ein geringfügiger flacherer Kurvenverlauf bei den zwei polyploiden Sorten gegenüber den zwei diploiden polykarpen Sorten vor, der jedoch kaum feststellbar ist. Man kann im wesentlichen, von kleinen Veränderungen abgesehen, den Verlauf beider Kurven im Intervall $360 \leq X \leq 570$ (Abweichungen sind z. T. auch auf Rundungsfehler zurückzuführen) als parallel betrachten. Auf Grund der eingezeichneten Jahresmittelwerte erkennt man, daß der Kurvenverlauf besonders im Intervall $X_x < 330$, bzw. $X_0 < 350$, durch Umweltwirkungen bestimmt wird (vgl. auch HOFFMANN und BAHN, 1965). Auch die größere Streuung um die Regression bei den zwei diploiden polykarpen Sorten erklärt den flacheren (negativen) Anstieg gegenüber den zwei polyploiden Sorten. Trotz des größeren Regressionskoeffizienten $|b_x|$ der linearen Regression ist doch aus der günstigeren Lage der zwei polyploiden polykarpen Sorten und der geringe-

Tabelle 3

Zusammenstellung der Mittelwerte der 1958 bis 1962 geprüften Sorten

Lfd. Nr.	Sorte	Herkunftsland	Rübenertrag dt/ha	Rang Gesamt
1	Maribo P	Dänemark	325	11
2	Plenta	DDR	371	2
3	Esmeraldo	DBR	376	1
4	KW-Norta	DBR	347	5
5	Gebrüder Dippes Noro	DBR	350	3,5
6	Strubes E	DBR	350	3,5
7	Strubes N	DBR	336	7,5
8	Schreibers Ertrag	DBR	346	6
9	Delitzscher DELNA	DBR	327	9
10	KW-Zucca	DBR	314	15
11	Verna	DDR	336	7,5
12	Gebrüder Dippes Zuro	DBR	316	14
13	AJ 4	Polen	321	12
14	Panogenbetat 4202	Schweden	326	10
15	D 1	Bulgarien	319	13
16	Strubes Saturn	DBR	300	17
17	Ramonskaja 023	UdSSR	309	16
18	Endje N	Bulgarien	259	18
19	Endje Z	Bulgarien	254	19
	Gesamtmittel aus 19 Sorten		329	
	Restvarianz		482	
	Grenzdifferenzen für den Vergleich zweier Sortenmittelwerte	GD 5 %	14,0	
		1 %	18,4	
		0,1%	23,4	
	Grenzdifferenzen für den Vergleich eines Sortenmittelwertes mit dem Gesamtmittel aus 19 Sorten	GD 5 %	9,6	
		1 %	12,6	
		0,1%	16,1	

ren Streuung eine positive Tendenz erkennbar. Die Absolutglieder der linearen Regression $a_x = 20,51$ und $a_o = 18,47$ unterscheiden sich sehr hoch signifikant voneinander. Es bestätigt sich damit die Annahme, daß die Korrelation zwischen Rübenertrag und Zuckergehalt bei den polyploiden Sorten enger ist. Analoge Resultate wurden aus dem Vergleich der Sorten „Plenta“ und „Multmedia“ erreicht. Für die Regressionsgeraden und deren Bestimmtheitsmaße wurden hierbei folgende Schätzungen erhalten ($n_o = n_x = 23$):

$$\hat{Y}_x = 20,54 - 0,0061\,X \qquad B_{Y_x} \cdot x = 0,246^*$$
$$\hat{Y}_o = 18,36 - 0,0031\,X \qquad B_{Y_o} \cdot x = 0,047 \text{ nicht signifikant}$$

Auch hier erkennt man eine engere Korrelation zwischen Rübenertrag und Zuckergehalt bei der polyploiden Sorte „Multmedia“. Auf Grund des Vergleichs leistungsstarker diploider und polyploider polykarper Sorten scheint einer Überprüfung der

Zuckergehalt °S	Rang Gesamt	Zuckerertrag dt/ha	Rang Gesamt	Zuckerausbeute dt/ha	Rang Gesamt	Krautertrag dt/ha	Rang Gesamt	Schosser %
18,2	4	59,0	9	50,6	9	322	18	0,2
17,2	17,5	64,1	1	54,2	1	359	6	0
17,1	19	63,8	2	53,0	3	358	7,5	0,4
18,1	6	62,5	3	53,3	2	372	5	0,1
17,8	10	61,9	4	52,6	4	350	12	0,1
17,7	13	61,6	5	52,2	5	393	1	0,8
17,7	13	60,3	6	51,1	6	374	3	0,9
17,4	16	59,8	7	50,7	8	373	4	0,3
18,1	6	59,6	8	50,9	7	356	9	0,1
18,7	1	58,6	10	50,3	10	328	15	0
17,5	15	58,5	11	49,7	11	355	10	0,1
18,3	3	57,7	13	48,7	14	354	11	0,1
18,0	8	57,7	13	49,5	12	358	7,5	0,7
17,7	13	57,7	13	48,9	13	315	19	0,1
17,8	10	56,6	15	46,2	16	344	13	3,3
18,5	2	55,2	16	47,4	15	375	2	0,1
17,2	17,5	52,8	17	44,2	17	327	16	2,2
18,1	6	46,5	18	39,8	18	323	17	9,0
17,8	10	45,0	19	38,0	19	340	14	11,1
17,8		57,8		49,0		363		
0,107		17,5		13,0		1635		
0,21		2,66		2,29		25,7		
0,27		3,50		3,02		33,9		
0,35		4,47		3,85		43,2		
0,14		1,83		1,58		17,7		
0,19		2,41		2,08		23,3		
0,24		3,07		2,66		29,7		

bisherigen Annahme, wonach bei den diploiden polykarpen Sorten der Zuckergehalt bei Erhöhung des Rübenertrages um eine bestimmte Einheit im Mittel stärker abfällt als bei den polykarpen polyploiden Sorten, an einem großen Zuchtmaterial, das langjährig geprüft wurde, notwendig zu sein. In Tabelle 3 sind fünfjährige Ergebnisse (1958 bis 1962) der nur in diesem Zeitraum geprüften Sorten wiedergegeben. Es handelt sich vornehmlich um diploide polykarpe. Zum Vergleich wurde auch in diese Tabelle die Sorte „Plenta“ mit aufgenommen.

Zusammenfassung

Es wird die Leistung verschiedener in- und ausländischer Sorten auf Grund mehrjähriger Prüfungsergebnisse mitgeteilt. Als Ergebnis ist festzustellen, daß sowohl unter den polyploiden als auch diploiden polykarpen und monokarpen Sorten solche mit hoher Leistung im Zucker-

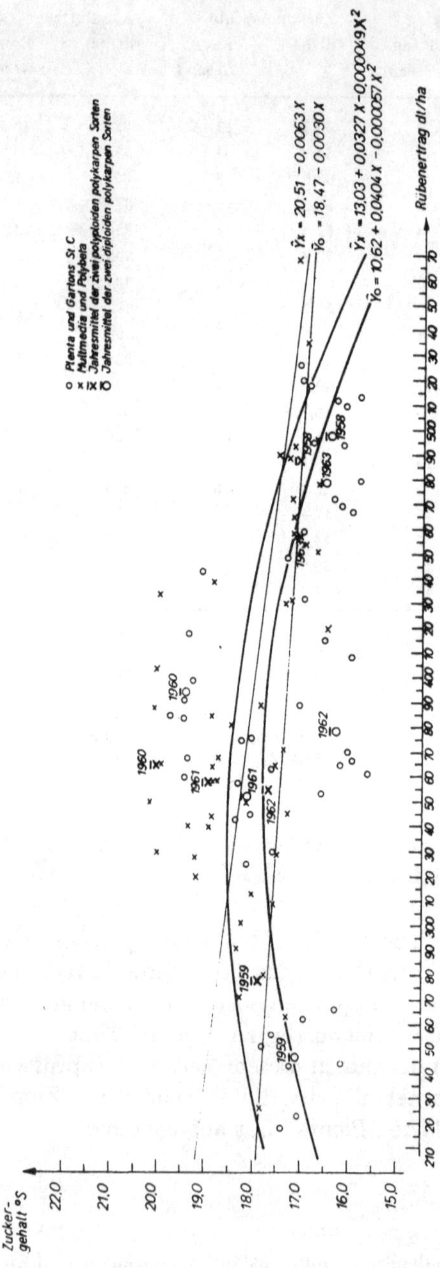

Abb. 3: Rübenertrag – Zuckergehalt – Relation der im Zuckerertrag besten polyploiden (Multmedia, Polybeta) und diploiden polykarpen Sorten (Plenta, Gartons St. C), Einzelwerte aus den Jahren 1958–1963, Mittelwerte der einzelnen Jahre und Regressionskurven ($n_x = n_o = 47$)

ertrag vorkommen. Bei getrennter Betrachtung der Sorten verschiedener Genomstufen ist bei gleichem Anstieg im Rübenertrag die Verminderung im Zuckergehalt bei den geprüften polyploiden Sorten geringer. Diese Tendenz war bei einem Vergleich von zwei diploiden und zwei polyploiden Sorten, die auf Grund hoher Zuckerertragsleistung während der Jahre 1958 bis 1963 ausgewählt waren, nicht mehr feststellbar. Die (Produkt-Moment-) Korrelation zwischen Rübenertrag und Zuckergehalt war bei den ausgewählten polyploiden Sorten enger als bei den diploiden polykarpen Sorten.

Резюме

Наименование работы: Новые результаты проверки сортимента сахарной свеклы
На основании многолетних результатов испытаний сообщается о продуктивности различных отечественных и заграничных сортов сахарной свеклы. В результате можно сказать, что как среди полиплоидных, так и среди диплоидных многоплодных и одноплодных сортов имеются сорта с высокой сахаристостью. Раздельное изучение сортов различных геномных ступеней показало, что при одинаковом увеличении урожая сахарной свеклы, сахаристость меньше снижается у проверенных полиплоидных сортов. При сравнении двух диплоидных и двух полиплоидных сортов, которые из-за их высокого содержания сахара были выбраны с 1958 по 1963 годы, этой тенденции нельзя было больше установить. Корреляция (продукт-момент) между урожаем и содержанием сахара у отобранных полиплоидных сортов была более узкая, чем у диплоидных многоплодных сортов.

Summary

Title of the paper: Further results obtained from testing a sugar beet assortment
The efficiency of various native and foreign varieties is reported on the basis of results obtained from tests that covered several years. Varieties of high sugar yield are found among polyploid as well as among diploid polygerm and monogerm beets. The consideration of varieties by their different genom stages would reveal that in the polyploid varieties tested equal rise in root yield would be accompanied by smaller decline in sugar yield. This trend was no longer found in a comparison between two diploid and two polyploid varieties which had been selected for their high sugar yields, between 1958 and 1963. The (product-moment) correlation between root yield and sugar content in the polyploid varieties selected was closer than that in the diploid polygerm varieties.

Literatur

BRANDT, F. O.: Fünfzigjährige Erfahrungen mit der Kleinwanzlebener Doppelstandardmethode für Leistungsprüfung von *Beta*-Rüben. Z. Pflanzenzücht. 29 (1951), S. 90—104

FÜRSTE, W.; ENDERLEIN, G.: Ergebnisse und statistische Auswertung der Prüfung eines internationalen Zuckerrübensortiments in den Jahren 1958 bis 1960. Zuckererzeugung 8 (1962), S. 62—67

HOFFMANN, E.; BAHN, E.: Die Auswertung langjähriger Reihen von Feldversuchserträgen in Verbindung mit agrarmeteorologischen Daten. 4. Mitt.: Untersuchung über den Einfluß der Witterung auf die Ertragsleistung und die Düngerstickstoffwirkung bei Zuckerrüben. Thaer-Arch. 9 (1965), S. 677—701

KNAPP, E.; LICHTER, O.: Bericht über einen 10jährigen Zuckerrübensortenversuch. Zucker 18 (1965), S. 121—124

SOMMER, E.: Der MW-Faktor als Maßstab für die Verarbeitungsfähigkeit der Rübe. Z. Zuckerind. 8 (1958), S. 323

SUMPF, D.: Die einfache lineare Regression und ihre Anwendung in der Pflanzenzüchtung. Tag.-Ber. Dt. Akad. Landwirtsch.-Wiss. Berlin Nr. 87, 1967

Anschrift der Verfasser

Dipl.-Math. DIETER SUMPF
Institut für Tierzuchtforschung Dummerstorf
der Deutschen Akademie der Landwirtschaftswissenschaften zu Berlin
2555 Dummerstorf, Post Kavelstorf

Dr. KLAUS FÜRSTE, Dr. WOLFGANG FÜRSTE
Institut für Rübenforschung Kleinwanzleben
der Deutschen Akademie der Landwirtschaftswissenschaften zu Berlin
3105 Kleinwanzleben

Autorreferate demnächst erscheinender Arbeiten[1]

Aus dem Institut für Bodenkunde Eberswalde
der Deutschen Akademie der Landwirtschaftswissenschaften zu Berlin

THOMAS SCHIKORA

Zur Kohlenstoffbestimmung in Bodenextrakten, insbesondere zur Humusfraktionierung, mittels der Trockenverbrennung

Um die Mängel der verschiedenen Methoden zur Kohlenstoffbestimmung in wäßrigen Lösungen durch Naßoxydation mittels Chromschwefelsäure, insbesondere für die Humusfraktionierung, zu umgehen, wird eine relativ genaue und empfindliche Schnellmethode mittels der Trockenverbrennung vorgeschlagen. Dabei werden die durch Erhitzen in saurer Lösung ausgefällten Huminsäuren in Anwesenheit der abzutrennenden Fulvosäuren an vorher geglühtem Al_2O_3 adsorbiert, über eine Glasfritte abgesaugt und durch Trockenverbrennung bestimmt. Die Bestimmung der Fulvosäuren erfolgt durch Eindampfen des neutralisierten Filtrats in Gegenwart von Al_2O_3 und anschließende Trockenverbrennung. Die angegebene Arbeitsvorschrift wurde auf verschiedene Störeinflüsse geprüft. Die Empfindlichkeit und Genauigkeit der Methode ist abhängig von der Größe und der Schwankung der Blindwerte, die durch die individuelle Arbeitsweise stark beinflußt werden. Es wurde eine Nachweisempfindlichkeit von etwa 0,05 bis 0,1 mg C bei einer Standardabweichung von etwa $\pm$ 0,02 bis 0,03 mg C erreicht.

Aus dem Institut für Acker- und Pflanzenbau Müncheberg
der Deutschen Akademie der Landwirtschaftswissenschaften zu Berlin

ANTON KULLMANN und JÜRGEN LEHFELDT

Über den Mineralisierungsverlauf von verrottenden Luzerne- und Maiswurzeln

Dem Boden entnommene und zerkleinerte Wurzeln von Luzerne und Mais wurden mit und ohne Zusatz von Sand im Labor bei annähernd gleichen Temperatur- und Feuchtigkeitsbedingungen zur Verrottung gebracht. Da zu mehreren Terminen während der Verrottung Proben für Analysen entnommen worden sind, muß der wahre Mineralisierungsverlauf aus den jeweils zwischen zwei aufeinanderfolgenden Terminen durch Wägung ermittelten Mineralisierungsquoten berechnet werden; hierfür ist eine Formel aufgestellt worden. Die gegenübergestellten Mineralisierungskurven verschiedener Versuche weisen eine große Variationsbreite auf. Die möglichen Ursachen der Streuung werden diskutiert. Die außerdem zu jedem Termin (aus dem Preßsaft einer Probe) ermittelten pH-Werte stehen insofern mit dem Mineralisierungsverlauf in Beziehung, als mit Hilfe der pH-Werte ein stagnierender Mineralisierungsverlauf von einem progressiven schnell unterschieden werden kann.

[1] Sämtliche hier referierten Arbeiten erscheinen ausführlich in einem der nächsten Hefte dieser Zeitschrift

Aus dem Institut für Pflanzenernährung Jena
der Deutschen Akademie der Landwirtschaftswissenschaften zu Berlin

ALBERT KUNZE und HANS-PETER VIELEMEYER

Entwicklung einer Kleinstdurchlaufküvette und ihre Anwendung zur Phosphatbestimmung bei der systematischen Bodenuntersuchung

Es wurde eine Kleinstdurchlaufküvette entwickelt, die auch bei großer Schichtdicke nur sehr geringe Lösungsmengen verbraucht, wodurch sie sich besonders für schwach gefärbte Lösungen eignet. Ihr Einbau in ein Kolorimeter und die Anwendung bei der P_2O_5-Bestimmung mit der Molybdänblau-Methode werden beschrieben.

Aus dem Institut für tropische und subtropische Landwirtschaft
der Karl-Marx-Universität Leipzig

HANS PAGEL, IGBO UNAMBA-OPARAH und H. RAMADAN

Beiträge zur Kenntnis des Nährstoffhaushaltes wichtiger Böden der humiden Tropen

2. Mitteilung: P-Formenverteilung und ihre Beziehungen zu den Bodeneigenschaften

Die in fersiallitischen und ferrallitischen, in vertisolartigen und in grundwasserbeeinflußten Böden der humiden Tropen durchgeführte P-Fraktionierung nach CHANG und JACKSON ergab:

1. Der Total-P-Gehalt ist vorwiegend durch das Ausgangsgestein und die Bodendynamik (Grundwassereinfluß) bedingt.
2. Neben organischen P-Verbindungen herrschen in ferrallitischen Böden Al- und Fe-Phosphate, in Vertisols dagegen Ca-Phosphate vor.
3. Die P-Formenverteilung ist im wesentlichen von Verwitterungsgrad, Dynamik und Genetik des Bodens abhängig; als wichtigster Einzelfaktor ergab sich der pH-Wert.

Aus dem Institut für Pflanzenernährung und Bodenkunde
und dem Institut für Pflanzenzüchtung
der Martin-Luther-Universität Halle-Wittenberg

HORST SCHARF

Der Einfluß verschiedener N-Formen und N-Mengen auf C- und N-Gehalt des Bodens in einem langjährigen Düngungsversuch

1949 legte SCHMALFUSS in Halle auf sandigem Lehmboden einen Stickstofformen- und einen Stickstoffstaffelungsversuch an. Angebaut werden Frühkartoffel, Winterraps, Winterweizen, Zuckerrüben und Sommergerste. Alle Parzellen erhalten eine gleiche PK-Grunddüngung. Eine organische Düngung erfolgt nicht. Im N-Formenversuch werden die Stickstoffdünger Kalkammonsalpeter, Natronsalpeter, Kalksalpeter, Kaliammonsalpeter, Ammonsulfat, Harnstoff und Kalkstickstoff verglichen. Im N-Staffelungsversuch werden zu Getreide 0—160, zu Hackfrüchten und Raps 0—320 kg N/ha · Jahr angewendet.

Nach 14 Versuchsjahren wurden folgende Veränderungen der C- und N-Gehalte in den Böden festgestellt:

1. Bei allen Versuchsgliedern erfolgte während der Versuchszeit eine Zunahme des Kohlenstoff- und eine Abnahme des Stickstoffgehaltes im Boden. Die Kohlenstoffzunahme war um so geringer und die Stickstoffabnahme um so größer, je höher der Anfangsgehalt der Parzellen an Kohlenstoff und Stickstoff war.

In der Kohlenstoffzunahme (Versuchsdurchschnitt: 0,197% C) traten keine signifikanten Unterschiede zwischen den Versuchsgliedern auf. Dagegen liegen nach 14 Versuchsjahren gesicherte Unterschiede in den korrigierten Werten der Stickstoffabnahme vor, diese betragen bei Düngung von Harnstoff 1,4, Kalkammonsalpeter 2,6, Ammonsulfat 2,7, Kalkstickstoff 3,2, Kaliammonsalpeter 4,3, Natronsalpeter 4,5 und Kalksalpeter 4,6 mg N/100 g.

2. Innerhalb des N-Staffelungsversuches liegt ein Einfluß des Anfangsgehaltes der Parzellen an C und N auf die Veränderungen während des Versuchszeitraumes ebenso wie innerhalb des N-Formenversuches vor. Die korrigierte Kohlenstoffzunahme steigt von 0,113 (ohne N) auf 0,224% (höchste N-Stufe). Ähnlich sinkt die korrigierte N-Abnahme von 6,9 (ohne N) bis 0,3 mg N/100 g Boden (höchste N-Stufe).

Beziehungen zwischen dem Humusgehalt im Boden und den Erträgen einiger Fruchtarten in einem langjährigen Düngungsversuch

In einem von Schmalfuss 1949 angelegten Stickstoff-Düngungsversuch enthielten die Böden der Parzellen am Versuchsbeginn unterschiedlich hohe Humusvorräte (s%: 2,4—4,1). Nach 3 Anbaujahren jeder Fruchtart konnten bei den Zuckerrüben- und Kartoffelerträgen überwiegend positive und bei den Sommergerstenerträgen negative Korrelationen zu den C- und N-Gehalten der Parzellenböden festgestellt werden. Beim Winterweizen lagen (je nach Anbaujahr verschieden) sowohl positive wie negative Beziehungen vor. Zwischen den Rapserträgen und den Humusvorräten der Parzellenböden ließen sich keine Korrelationen finden.

Zu den signifikanten Korrelationen zwischen den mehrjährigen Durchschnittserträgen und den C- und N-Gehalten der Böden sind die Regressionskoeffizienten angegeben.

Aus dem Institut für Rübenforschung Kleinwanzleben
der Deutschen Akademie der Landwirtschaftswissenschaften zu Berlin

Heinz Schneider

Einfluß von Korngrößen- und Dichtefraktionierung auf Keimfähigkeit, Monogermie und Genomstufenanteile bei anisoploidem polykarpem Zuckerrübensaatgut

Polykarpes Zuckerrübensaatgut, naturell und poliert, der anisoploiden Sorte „Multmedia“ wurde mit dem Ziel, die Saatgutqualität zu verbessern, siebtechnisch und mit dem Druckluft-Tischausleser der schwedischen Firma Kvarnmaskiner bearbeitet.

Dabei wurden die Bearbeitungsmaßnahmen so variiert, daß das Saatgut primär in Korngrößengruppen von $<3{,}5$; $>3{,}5-4{,}5$; $>4{,}5-5{,}5$; $>5{,}5-6{,}5$ und $>6{,}5$ mm Rundloch zerlegt und sekundär das Saatgut aller Größengruppen bis auf das 3,5 mm weiter in jeweils vier Dichtegruppen fraktioniert wurde. In einem weiteren Versuch wurde das Saatgut primär in vier Dichtegruppen und sekundär das einer jeden Dichtefraktion in fünf Korngrößengruppen zerlegt. Von jedem Prüfglied wurden Keimfähigkeit, Keimsumme, Monogermie und TKM ermittelt. Die Ermittlung der Genomstufenanteile beschränkte sich auf Saatgut extremer Korngrößen- und Dichtevarianten. Mit zunehmender Korngröße und Dichte erhöhen sich innerhalb einer Saatgutpartie Keimfähigkeit und Polygermie (Anteil an Mehrkeimern). Obwohl Korngröße und Dichte die Qualität des Saatgutes gleichsinnig beeinflussen, sind ihre Werte verschieden, so daß ein korngrößensortiertes Saatgut weiter nach Dichte fraktioniert werden kann und umgekehrt. Die Genomstufenanteile des anisoploiden polykarpen Saatgutes werden vor allem nach primärer Dichte und sekundärer Korngrößendifferenzierung so modifiziert, daß in den kleinknäuligen Fraktionen diploide und in den großknäuligen tetraploide Embryonen gehäuft vorkommen. Maßnahmen der Korngrößen- und Dichtefraktionierung können sinnvoll kombiniert die Qualität des anisoploiden Saatgutes wesentlich verbessern.

Richtlinien für Veröffentlichungen im Albrecht-Thaer-Archiv

Um die Aktualität der Zeitschrift zu erhöhen, ihren Informationswert zu verbessern und die Frist vom Eingang der Manuskripte bis zum Erscheinen der betreffenden Hefte zu verringern, werden die Autoren um Beachtung folgender Hinweise gebeten:

1. Allgemeines

Der Höchstumfang eines Beitrages soll 20 Schreibmaschinenseiten (60 Anschläge pro Zeile, 30 Zeilen pro Seite) einschl. Abbildungen, Tabellen und Literaturverzeichnis nicht überschreiten. Dabei ist auf kurze und treffende Darstellung Wert zu legen. Insbesondere ist auf eine strenge Auswahl der zu veröffentlichenden Ergebnisse im Hinblick auf ihren Informationswert zu achten. Das Redaktionskollegium behält sich vor, auch kürzere Beiträge zur konzentrierteren Neufassung zurückzugeben, wenn Inhalt und Umfang einander nicht entsprechen. Es können nur Arbeiten über abgeschlossene Untersuchungen angenommen werden; für Teilergebnisse von besonderer wissenschaftlicher Bedeutung ist die Veröffentlichung als kurze vorläufige Mitteilung möglich (2—3 Schreibmaschinenseiten). Eine Darstellung der Ergebnisse in mehreren Mitteilungen läßt sich nur bei ungewöhnlich umfangreichen Forschungskomplexen und solchen, deren Bearbeitung sich über längere Zeit erstreckt, vertreten. Reine Literaturzusammenstellungen können zugunsten der Vielzahl experimenteller Arbeiten nur ausnahmsweise und auch nur dann gedruckt werden, wenn sie eine straffe theoretische Verarbeitung des Stoffes erkennen lassen. Bei der Abfassung der Manuskripte sind die von der Akademie herausgegebenen „Hinweise für den Autor" zu berücksichtigen.

2. Gliederung der Beiträge

Um die Übersichtlichkeit zu verbessern, wird eine Gliederung nach folgendem Muster empfohlen:

2.1. Einleitung

Sie soll so kurz wie möglich gehalten werden und sich nur auf die Problematik der Arbeit beschränken. Umfangreiche Literaturbesprechungen sind nicht erwünscht. Nur die neueste und wichtigste Literatur ist heranzuziehen, insbesondere wenn sie zur Begründung der Fragestellung dient.

2.2. Material und Methoden

Hier ist eine kurze Übersicht, evtl. in Tabellenform, angebracht, sofern es sich nicht um neu entwickelte Methoden handelt. Von einer Beschreibung bereits bekannter Verfahren ist unbedingt abzusehen. Die Darstellung dieses Abschnittes muß dem Leser die genaue Beurteilung der Ergebnisse ermöglichen.

2.3. Ergebnisse

Die wichtigsten Ergebnisse sind in Form von übersichtlichen Tabellen oder graphischen Darstellungen mitzuteilen. Eine doppelte Darstellung als Tabelle und zugleich Abbildung ist unzulässig. Es ist zu vermeiden, die Zahlenwerte der Tabellen und Darstellungen in Worten zu wiederholen bzw. Tabellen- und Abbildungsüberschriften nochmals in den Text einzubeziehen. Der Text in diesem Abschnitt sollte sich nur auf das beziehen, was zum Verständnis der angeführten Ergebnisse sowie der daraus herzuleitenden Zusammenhänge notwendig ist.

2.4. Diskussion und Schlußfolgerungen

Die Interpretation der Ergebnisse soll so erfolgen, daß ihr Aussagewert dem Leser ohne weiteres klar wird, Hinweise auf die weitere Entwicklung der Arbeit und Schlußfolgerungen für Forschung und Praxis erhöhen den Informationswert des Beitrages.

2.5. Zusammenfassung

Ihr Höchstumfang ist auf 20 Schreibmaschinenzeilen zu begrenzen. Dem kommt auch insofern Bedeutung zu, als alle Autorzusammenfassungen des Albrecht-Thaer-Archivs gleichzeitig als Referate in das Landwirtschaftliche Zentralblatt übernommen werden. Jede Zusammenfassung soll sich auf die Wiedergabe der wichtigsten Ergebnisse mit den daraus gezogenen Schlußfolgerungen beschränken; eine reine Inhaltsbeschreibung ist zu vermeiden.

2.6. Literatur

Hier sind nur die tatsächlich in die Arbeit einbezogenen Literaturstellen anzuführen.

81007

DEUTSCHE DEMOKRATISCHE REPUBLIK

DEUTSCHE AKADEMIE
DER LANDWIRTSCHAFTSWISSENSCHAFTEN ZU BERLIN
INSTITUT FÜR LANDWIRTSCHAFTLICHE INFORMATION
UND DOKUMENTATION

Gesamtverzeichnis der laufenden Zeitschriften im Bereich der Deutschen Akademie der Landwirtschaftswissenschaften zu Berlin

(Stand: 31. Dezember 1964)

Das Zeitschriftenverzeichnis soll einerseits die Funktion eines Gesamtverzeichnisses der im Bereich der Deutschen Akademie der Landwirtschaftswissenschaften zu Berlin (DAL) vorhandenen laufenden Periodica erfüllen, andererseits als Hilfsmittel für die Benutzer des Landwirtschaftlichen Zentralblattes (LZ) bzw. des Dokumentationsdienstes Agrarökonomik (DDA) dienen.

Das Verzeichnis weist über 3200 Titel laufender Fachzeitschriften, Fachzeitungen und Zeitschriften ähnlicher Reihen nach.

Preis: 10,— MDN

Bestellungen erbeten direkt an das

Institut für
Landwirtschaftliche Information und Dokumentation
(ILID)
108 Berlin
Krausenstr. 38/39

FSC
www.fsc.org
MIX
Papier | Fördert gute Waldnutzung
FSC® C083411

Zeitfracht Medien GmbH
Ferdinand-Jühlke-Straße 7
99095 Erfurt, Deutschland
produktsicherheit@kolibri360.de